工程坊实训系列教材

机械制造实训教程

（下册）

总策划　王　晶

主　编　宋超英

编　者　崔　琦　屈玲川

西安交通大学出版社

XI'AN JIAOTONG UNIVERSITY PRESS

内容简介

本教程是根据教育部颁布的高等学校金工实习教学基本要求,结合编者多年从事实践教学经验,并参考同类教材编写而成,力图内容充实、面向学生、实用性强,是一本实践教学和学生自学的实用教材。

本教程分为上下两册,本册主要包括机械制造中铸造、锻造、焊接和热处理等热加工的内容。为扩大学生视野,同时还编入了多种先进成型加工技术方面的内容。

本教程可作为高等院校的实践教学教材,也可作为从事课外科技实践活动学生自学机械加工知识和技能的实用指导书,同时也可供职业教育、技能培训及有关技术人员参考。

图书在版编目(CIP)数据

机械制造实训教程.下册/宋超英主编. —西安:西安交通大学出版社,2015.3(2022.1 重印)

工程坊实训系列教材

ISBN 978 - 7 - 5605 - 7113 - 3

Ⅰ.①机…　Ⅱ.①宋…　Ⅲ.①机械制造-高等学校-教材

Ⅳ.①TH

中国版本图书馆 CIP 数据核字(2015)第 033824 号

书　　名	机械制造实训教程(下册)	
主　　编	宋超英	
责任编辑	李慧娜	

出版发行	西安交通大学出版社	
	(西安市兴庆南路 1 号　邮政编码 710048)	
网　　址	http://www.xjtupress.com	
电　　话	(029)82668357　82667874(发行中心)	
	(029)82668315(总编办)	
传　　真	(029)82668280	
印　　刷	西安日报社印务中心	

开　　本	787mm×1 092mm　1/16　印张　10.625	字数	248 千字
版次印次	2015 年 8 月第 1 版　2022 年 1 月第 7 次印刷		
书　　号	ISBN 978 - 7 - 5605 - 7113 - 3		
定　　价	23.00 元		

读者购书、书店添货,如发现印装质量问题,请与本社发行中心联系、调换。

订购热线:(029)82665248　(029)82665249

投稿热线:(029)82669097

读者信箱:lg_book@163.com

丛书总序 Preface

　　工程实践训练是高等院校理工科专业培养合格人才的必要环节。为了培养适应 21 世纪社会需要的创新型人才,激发学生的学习兴趣,使学生把被动学习变为自主学习,并将课余时间更多地用于知识、技能的学习上,西安交通大学在原工程训练中心和校办工厂实习部分的基础上,于 2007 年 10 月成立了新型的学生工程和科学实践基地——工程坊。

　　工程坊定位于为本科生进行课内外工程实践和提高工程管理能力的场所,同时也为研究生完成学位论文和教师进行科学研究提供工程设计和工程制作平台。工程坊的建立将有助于推进西安交通大学人才培养的新理念和新模式,提高学生的实践能力和综合能力(创新意识,发现和解决实际问题、团队合作、自我管理、自我表达等能力),增强学生就业竞争力。

　　工程坊的建设目标:改革传统教学实习,为学生提供一个安全、方便、功能比较齐全的自主实践平台;加强与各学院的合作联系,通过各类项目设计课程为学生提供一个综合能力训练平台。依托学校的学科优势,为学生提供一个面向未来的课外创新科技项目研究平台。在形成"一流教育理念、一流实践内容、一流管理体制"的基础上,把工程坊打造成"国内大学中一流的、具有鲜明特色的"多功能学生工程和科学实践基地。

　　工程坊的特色:工程坊的突出特色是"自主"、"开放"、"安全"、"共享"、"创新"。

　　自主:支持和鼓励学生到工程坊从事自己感兴趣的制作和研究工作。

　　开放:向本校本科生、研究生、教师开放使用;向社会开放建设。

　　安全:全方位的安全教育与安全环境建设。

　　共享:机器仪器的使用、工具借用实现全面共享,为学生提供便利的软硬件使用条件。

　　创新:将创新理念和创新活动贯穿到师生在工程坊的一切活动中。

　　工程坊的三项基本任务:

　　(1)自主实践——学生利用课余时间、凭自己的兴趣爱好在工程坊从事实践活动;

（2）项目实践——学生以团队形式参加由工程坊设立的专门项目课外实践活动；

（3）教学实习——列入学校教学计划的课内实践教学活动。

为了满足教学计划内、外多种多样的学生实践需求，工程坊规划建设了具有批量接待能力的三个平台：

（1）机械设计加工平台（包括木工加工）；

（2）电子设计制作平台；

（3）人文实践活动平台（海报、文化衫印制中心，陶艺、雕塑制作中心，工程教育博物馆等）。

在工程坊内完成教学实习，可看成为西安交通大学培养学生动手实践能力的第一步。编写具有工程坊实践特色的机械制造（金工）、电子工艺、测量与控制、现代加工等培训教材，使之能满足：学生教学实习中，对机械制造和电子产品制作相关理论知识和实际加工技能的学习要求；解决学生项目实践活动中遇到的零件加工或电路制作难题的渴求；想进一步提升加工与制作技能，前来工程坊参加自主实践的学生学习的需求。这样，在教材内容策划上就不仅仅限于完成教学实习任务的需要，而是扩充了较多的实用内容，以便满足学生参加项目实践和进行自主实践使用的需求。

策划编写本套系列教材，将工程坊教学改革的成果固化，便于国内同行之间的交流，也为工程坊深化改革作了铺垫。

王　晶

西安交通大学工程坊主任

2013 年 1 月修订

2

前言 Foreword

　　《机械制造实训教程（上册）》作为工程坊学生实践培训系列教材的第一本已于2011年出版，经过了两年多的使用，反映良好。《机械制造实训教程（下册）》主要介绍机械制造中热加工和部分先进制造及特种加工内容。主要编入配合本校特色的机械制造热加工中铸造、焊接、热处理、锻造、快速成型、注塑成型、电解电铸等内容，还特别加入了水射流切割的内容。编写时依据《高等工科学校金工实习教学基本要求》，结合工程坊近年来金工教学实践经验，并参考了国内众多同类教材，在此对参考文献所列教材的编著者表示感谢和敬意。

　　由于目前本校教学计划中金工教学实习时间大大缩短，平均每个工种的实习时间仅有20个学时，学生使用本套教材，期望能达到弥补实习时间不足，进一步开阔眼界的目的。教材中增加了部分新技术、新工艺简介，以拓宽学生的知识领域。同时教材的内容和文字力求简明扼要，篇幅紧凑，图文并茂，以利实用。

　　为了调动学生积极思考、自查学习效果，教材在每章最后配有复习思考题。这些题目也可作为学生理论考试的试题。

　　"自主实践"是工程坊推崇的培养学生创新能力的途径，是为学有余力的学生提供自我成长的实践环境，本书可作为学生完成自主实践中创新制作活动的重要参考书，也可作为制作类"专题项目"活动项目学生学习加工工艺知识的必备参考工具书。

　　本教材由王晶教授担任总策划、主审，宋超英高级工程师担任主编，并编写第1,6章，参加教材编写的教师有崔琦（编写第2章）、屈玲川（编写第3,4,5章）。

　　限于编者水平，书中难免有错误和不妥之处，恳请广大读者指正。

王　晶

西安交通大学工程坊主任

2015年7月

目 录 Contents

1

第1章 机械制造热加工基础知识

1.1 课程介绍

1.1.1 教学内容

热加工实习是机械制造实习的重要组成部分。机械类产品的基本制造过程如图1-1所示,在本教程的上册中主要介绍了机械制造过程的零件加工和装配部分。而在本册中,我们将重点学习机械制造过程中热加工的工艺知识和操作技能,其中包括铸造、锻造、焊接和热处理等工种。

图1-1 机械类产品生产制造过程

机械制造过程中的所谓"热加工",是指通过对金属原料或零件采用不同的加热方法加热后实施的各种加工手段,即在工件处于热状态下的加工过程,以达到改变工件形状、结构、机械性能的目的。在机械制造领域,热加工主要包括铸造、锻造、焊接、热处理与表面处理等工艺技术。

铸造、锻造工艺主要用来制备各种毛坯件。因此,其加工精度较低,一般属于粗加工范畴。但是随着科技的进步和新工艺的采用,也可直接生产出终端零件,如压力铸造、熔模铸造、精密模锻等,都可直接生产出达到精度要求、不再需要进行机械加工或仅需局部加工的成品零件。

焊接是一种永久性连接材料的工艺方法,在工业产品的制造过程中,焊接是将零件或构件进行连接的最常用的一种加工方法。在工业生产中,不但可以采用各种焊接工艺生产制造毛坯制件,还可以在产品生产线和大型施工项目上直接从事零件或产品的焊接加工,如汽车生产线、船舶建造、桥梁建造、建筑施工等。另外,在设备维修方面,各种焊接工艺也得到广泛应用。

热处理工艺是充分发挥金属材料潜力以实现机械产品使用性能的重要途径,被广泛应用于机械制造的各个工艺流程中。热处理不但可以用于毛坯件的去应力处理,也可用来在零件加工的各个阶段对零件材料的机械性能和加工性能进行调整,如对零件材料硬度、韧性、弹性、强度等性能进行调整,以满足加工和使用要求。

热加工工艺在机械制造中的应用如图1-2所示。

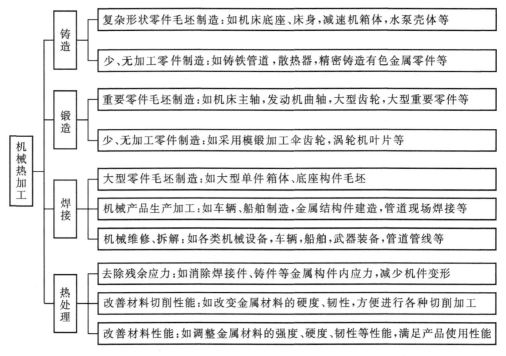

图 1-2 热加工工艺在机械制造中的应用

作为大学本科实践教学的必修课程，热加工实习主要以铸造、锻造、焊接和热处理四个工种为重点，对学生在基本理论和生产工艺实际操作技能方面进行培训，主要包含以下教学内容：

（1）介绍相关工种基本生产工艺过程、特点、加工范围及在工业生产中的应用。

（2）介绍生产中常用（典型）设备、工具，并通过示范、指导，使学生能够基本掌握它们的安全、正确的操作使用方法。

（3）通过示范、指导、训练，使学生初步掌握各工种的基本生产操作技能，能够独立完成简单零件（实习作品）的加工制作过程。

▶ 1.1.2 教学目的

机械制造热加工实习是一门注重实践的课程，通过学生的动手实践过程，达到如下教学目的：

（1）使学生了解机械制造热加工的一般工艺过程以及在机械制造中的作用，了解各工种主要工艺方法，进一步建立较完整的机械制造过程的感性知识。

（2）使学生了解热加工各工种的工艺特点和加工范围，了解各工种常用设备及工具的结构原理及其安全操作规程，初步掌握有关工种的基本操作方法和技能，并通过实际操作独立完成简单零件的加工制作。

（3）通过实习，使学生养成注重安全、遵守纪律、爱护公物、勤俭节约、勇于实践的良好习惯和理论联系实际的严谨作风，拓宽专业视野，为相关专业课程的学习奠定实践基础。

1.1.3　教学要求

基本要求:实习教学应以动手实践为主,讲授、示范为辅,坚持精讲多练。通过讲解、示范、观摩和实际操作,使学生了解热加工各工种的工艺特点和加工范围,了解各工种常用设备及工具的结构原理和操作使用方法,学习热加工各工种的工艺基础知识,重点学习和初步掌握铸造、锻造、焊接和热处理等工种的基本操作方法,独立完成简单零件的加工过程,并完成实习总结报告。

能力培养要求:通过实习着重培养学生的工程实践能力和创新意识,使学生初步掌握有关工种操作技能和设备、工具的正确使用方法,促使学生养成勤于思考、勇于实践的良好作风和习惯,培养学生的工程意识、产品意识、质量意识,提高工程素质。强化学生遵守工作纪律、遵守安全技术操作规程和爱护公共财产的自觉性,提高学生的综合能力和素质。

安全要求:在实习中始终坚持安全第一的观念,将学生的安全教育融入实习的全过程。根据热加工实习的特点,通过各种方法和手段,强化学生安全生产意识,对学生进行严格的安全教育,使学生切实了解并严格遵守各项安全操作技术规程,做到安全、文明实习,确保学生的人身安全和设备安全。

1.2　热加工实习安全

1.2.1　热加工安全生产特点

如前所述,机械制造过程中的所谓"热加工",是指通过对金属原料或零件加热后实施的各种加工手段,也即在工件处于热状态下的加工过程。因此,在热加工各工种的生产过程中,操作人员频繁接触高温工件和各种加热设备,与主要以切削方式为主的机械冷加工相比,热加工生产过程中的安全问题有其独具的特点。从事热加工作业的操作人员除应遵守机械工业安全生产基本规范外,还要特别注意遵守热加工各工种的安全生产操作规程。

现将热加工实习中可能存在的安全风险及防范措施归纳如下,从事实习的学生和教师应予以注意和防范。

1. 高温工件的安全风险及防范措施

在热加工实习操作过程中,加工处理的工件均被加热至红热状态,温度高达 700℃ 以上,操作中稍有不慎或失误,就会发生烧烫伤人身伤害事故。

(1)危险因素:

①身体主动接触未完全冷却的工件。如在热处理作业时用手直接拿取未完全冷却的零件;在铸造落砂作业时用手直接拿取未完全冷却的铸件;焊接时用手直接扶持、搬动工件等。

②掉落或飞出的高温工件碰到身体。如从加热炉中夹取工件掉落后碰触人体;采用空气锤或手锤锻打锻件时,由于操作不当锻件可能飞出碰触人体等。

③熔融金属液造成的烫伤。如熔炼炉加料、出料和浇铸过程中,由于操作不当造成金属液飞溅、溢出造成作业人员烫伤。

（2）防范措施：

①在热加工实习时，不用手直接触摸、拿取工件，也不能用脚推移工件。拿取工件应使用夹持工具，加工完成的高热工件应放置在指定位置。

②取放高温工件时，应使用专用夹具并夹持稳定、牢靠，防止脱落。摆放高温工件时，必须放置平稳，防止滚落、倾倒。操作人员须穿着能防护脚面的鞋和长衣裤，非作业人员应与操作人员保持安全距离，以防意外烫伤。

2. 设备操作、工具使用的安全风险及防范措施

热加工实习中，学生接触和使用的设备、工具与切削加工（冷加工）有很大不同。热加工设备的主要特点是加热、熔炼设备多，机械化程度低，大多采用手工操作，作业中危险程度较大。故在热加工实习中，机械类伤害的危险相对较低，而非机械的高温灼伤、触电、火灾危险显著上升。

（1）危险因素：

①人体接触设备高温部位的危险。如在加料、出料过程中碰触设备高温部位；触摸加热设备的炉门、外壳等高温部件等。

②设备、工具操作使用不当的危险。如设备温度调整不当使设备超过最高工作温度运行；未正确启、停设备冷却系统；设备接地不良、漏电引起触电；易燃易爆物料加入熔炼炉膛引起爆溅烫伤；使用未经预热或粘有油、水的工具搅拌金属液或进入炉膛夹持炽热工件；气焊炬点火或操作中火焰指向人体造成火焰烫伤等。

③高温、明火作业发生火灾的危险。如设备和作业现场周围放有易燃物；可燃气体泄漏发生爆燃；使用油类淬火介质时，油温过高或操作不当（工件未全部浸入油液）引起油液起火等。

（2）防范措施：

①不随意触摸各种加热、熔炼设备外壳和危险部位，在取放加热工件、金属液出炉、浇铸时，要注意力集中，小心操作。

②按规定程序启停设备，正确调整、使用设备；遵守相关安全操作规程，杜绝操作过程中的不安全因素。

③作业场所配备消防器材，并保证其可靠、有效；重点检查水、电、热结合设备电气接地安全，防止设备漏电；加热炉装料、取料时，不得碰触电热元件和热电偶，以防触电。

3. 个人防护不当的安全风险及防范措施

在热加工生产作业时，操作人员直接面对飞溅的炽热金属颗粒，暴露在高温辐射、电离辐射和粉尘烟雾环境下，必须按规定做好个人的安全防护措施，减少上述危险因素对人身的伤害。

防范措施：

①做好对身体表面的防护。从事热加工作业，必须穿着长袖、长裤工作服，穿能覆盖脚面的鞋；从事锻造作业时，应穿专用硬面防护鞋；电焊作业时，必须戴专用皮革防护手套。

②在电弧焊作业时，必须使用专用焊接防护面罩，避免紫外线和飞溅金属对眼睛及面部皮肤的伤害；气焊、气割作业时，应佩戴专用墨镜，避免强光对眼睛的伤害。

③在进行金属熔炼、浇铸、电焊和气焊时，应开启排风系统，减少粉尘、烟雾对作业人员的伤害。

1.2.2 学生实习安全要求

根据热加工实习的危险因素及特点,应对参加热加工实习的学生进行有针对性的安全教育,使学生对实习过程中的危险因素有充分的认识,提高安全意识,了解国家有关安全生产的法律、法规和基本安全知识,牢固确立"安全第一"的观念,防范实习过程中人身安全事故的发生。

为了保证学生在热加工实习期间的人身安全,特对实习学生提出以下具体的安全要求:

(1)进入实习场所后,应自觉遵守各项实习纪律,听从实习指导人员的安排;对于自己不熟悉或与实习无关的设备、设施不擅自操作和乱动;不在实习场所追逐、打闹。

(2)按要求穿着长袖(裤)工作服,能覆盖脚面的硬底鞋。操作时须扣紧领口、袖口,女生长发应放入工作帽内;禁止穿凉鞋、拖鞋、高跟鞋以及短裤、裙子进入实习场所。

(3)认真学习并自觉遵守各专业工种安全操作规程,不违章作业;按照操作规程要求正确使用个人安全防护用具;操作时,要精神集中,不做任何与工作无关、分散注意力的事情。

(4)在实习操作中,应使用专用工具夹持工件,不用手、脚直接接触工件,以防烫伤;不随意触摸加热设备的外壳或开启炉门;在观看老师示范或在其他学生操作时,应与操作者保持安全距离。

(5)实习操作过程中如出现意外情况,应保持冷静,及时脱离危险源,避免事故扩大;发现事故隐患或者其他不安全因素,应当立即向指导教师报告。

(6)认真做好工作场地的整备工作,保持场地整洁、通道畅通、物件摆放整齐有序。

复习思考题

1. 机械制造中的热加工包括哪些工艺方法?
2. 热加工在机械制造领域有哪些应用?
3. 热加工生产安全有何特点?有哪些主要危险因素?
4. 为确保热加工实习安全,有哪些安全预防措施?
5. 学生参加热加工实习,要遵守哪些安全要求?

第2章 铸 造

2.1 学习要点与操作安全

2.1.1 学习要点

(1)熟悉砂型铸造的工艺过程及特点。

(2)了解造型和造芯的常用材料及方法。

(3)掌握手工两箱造型基本方法。

(4)掌握铸造合金的熔炼、浇注方法。

(5)熟悉铸件质量和缺陷分析。

(6)熟悉砂型铸造的工艺制定。

(7)了解特种铸造工艺及特点。

2.1.2 操作安全

(1)正确穿着工作服,工作服袖口、衣摆扣紧,不得穿拖鞋、凉鞋、高跟鞋、短裤、裙子进入工作场地。

(2)造型前应检查工作场地,工具应摆放整齐,清除绊脚物。

(3)使用砂箱前,应先检查砂箱手柄是否牢固,如有松动则禁止使用。

(4)禁止在砂堆上或地面松动处堆放砂箱和工件。

(5)舂砂时禁止将手放在砂箱上。

(6)造型时禁止用嘴吹型砂。

(7)熔炼和浇注时避免在金属液中混入异物或水,防止爆炸、烫伤。

(8)浇注时,与浇注工作无关的人员应远离浇注现场。

2.2 铸造生产概述

2.2.1 铸造生产工艺过程及特点

铸造是将熔融金属液浇注、压射或吸入预先制备好的铸型空腔内,冷却凝固后获得一定形状与性能的金属制品的方法。铸造出的金属制品即为铸件。铸件可作为毛坯,经过机械加工后成为零件使用;当铸件能够达到使用的尺寸精度和表面粗糙度时,也可作为零件或成品直接使用。

1. 铸造生产工艺过程

铸造生产是一个复杂的工艺过程,包括金属材料及非金属材料的准备、熔炼、造型、制芯、合型、浇注、清理等。铸造根据工艺过程的特点可分为砂型铸造和特种铸造,具体分类见图 2-1。

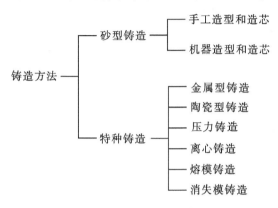

图 2-1　铸造方法分类

砂型铸造是用型砂紧实成形的铸造方法,其工艺适应性强,设备费用和铸件成本较低,是应用最广泛的铸造方法。砂型铸造的主要生产工序包括制模、配砂、造型、造芯、合型、熔炼、浇注、落砂、清理和检验,如图 2-2 所示。

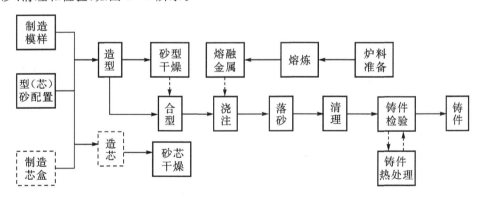

图 2-2　砂型铸造主要工艺过程示意图

(1)制模:制模是为了获得铸件的结构形状,预先使用其他容易成型的材料做成与零件相同结构形状的模样的过程。制模材料常用木材、塑料、铝、铁等。

(2)配砂:型砂的制备过程直接影响到型砂的质量,只有严格控制各道工序的质量,才能达到型砂的各项性能指标,以保证铸件的质量。

(3)造型:用型砂及模样等工艺装备制造铸型的方法和过程称为造型。造型工艺过程主要包括填砂、舂砂、起模、修型、合型等工序。在造型工作中,要根据具体的铸件来设计,并采取有效的措施,防止铸件产生缺陷。

（4）造芯：有些铸件需要型芯才能完成造型，制造型芯的过程称为造芯。造芯时一般用木质或金属芯盒。在造芯工作中，也要根据相应铸件来设计，并防止产生各种缺陷。

（5）熔炼：通过加热将固体的金属炉料转变成具有一定化学成分、力学性能和温度的液态合金，这样的过程称为熔炼。

（6）浇注：将液态合金从浇包注入铸型的操作过程叫做浇注。

（7）落砂：用手工或机械方法使铸件和型砂、砂箱分开的操作过程叫做落砂。

（8）清理：落砂后从铸件上清除表面粘砂、多余金属并打磨精整铸件内外表面的过程称为清理。

（9）检验：根据铸件图、铸造工艺文件、有关标准及验收技术条件，采用目测、量具、仪表或其他手段检验铸件是否合格的操作过程称为检验。

2．铸造生产的特点

（1）适合生产形状复杂的零件。铸造工艺灵活性大，不受铸件大小、形状的限制，适合形状复杂，特别是内腔复杂的零件，如内燃机缸体、机床床身、复杂的叶轮和阀体等。

（2）可采用的材料广泛。工业中常用的金属材料，如碳素钢、合金钢、铸铁、青铜、黄铜、铝合金等，都可用于铸造，尤其对于铸铁和难以锻造及切削加工的合金材料，都可用铸造方法来制造零件和毛坯。

（3）生产成本低。铸造所用原材料来源广泛，可直接利用废旧金属材料和再生资源（废旧零件、切屑等）。一般来说，铸造生产设备投资少，生产周期短，制造成本低，并且铸造有一定加工精度，尤其是精密铸造的铸件，其加工余量小，可节约加工工时和金属材料。

（4）铸造生产也存在着不足之处：铸造组织的晶粒比较粗大，且内部常有缩孔、缩松、气孔、砂眼等铸造缺陷，因而铸件的力学性能较差；铸造生产工序较多，工艺过程较难控制，致使铸件的废品率较高；铸造生产的工作条件差，劳动强度比较大。但随着铸造技术的发展，铸件质量已取得了很大提高，劳动条件也显著改善。

▶ 2.2.2 铸造常用金属材料

用于铸造的金属材料统称为铸造合金。合金是以一种金属为基础加入其他金属或非金属，经过熔化而获得的具有金属特性的材料，比纯金属具有更好的力学性能和工艺性能。常用的铸造合金有铸铁、铸钢及铸造有色合金，其中铸铁应用最为广泛。

1．铸铁

铸铁是以铁元素为基础的含有碳、硅等元素的多元铁合金，在凝固过程中经历共晶转变，适于生产铸件。铸铁可分为五种基本类型：灰铸铁、球墨铸铁、可锻铸铁、蠕墨铸铁和特殊性能铸铁。

1）铸铁牌号表示方法

铸铁牌号由铸铁代号和力学性能数值构成。各种铸铁代号由表示该铸铁特征的汉语拼音字母的第一个大写字母组成，当两种铸铁名称的代号字母相同时，在该大写字母后加小写字母来区别。同一名称铸铁，需要细分特性的，取其细分特点的汉语拼音字母的第一个大写字母排列在后面。

表 2-1 铸铁代号

铸铁名称	代号
灰铸铁	HT
球墨铸铁	QT
蠕墨铸铁	RuT
白心可锻铸铁	KTB
黑心可锻铸铁	KTH
珠光体可锻铸铁	KTZ
耐磨铸铁	MT
耐热铸铁	RT
耐蚀铸铁	ST

牌号中代号后面的一组数字,表示抗拉强度值;当有两组数值时,第一组表示抗拉强度值,第二组表示伸长率值,两组数字间用"—"隔开,如图 2-3 所示。

特殊性能铸铁的牌号由代号和主要合金元素的化学符号及其质量分数组成。如图 2-4 所示,特殊性能铸铁的代号由表示其性能特征的汉字的第一个大写汉语拼音字母,如 A(奥氏体)、M(耐磨)、R(耐热)等排在基本铸铁代号后组成。合金元素按其含量递减次序排列,含量相等时按元素符号的字母顺序排列。合金元素的质量分数大于或等于 1% 时用整数表示,小于 1% 时一般不标注,只有对该合金性能有较大影响时才标注。

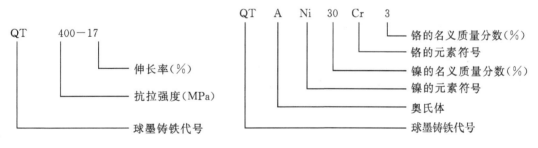

图 2-3 球墨铸铁牌号示例   图 2-4 特殊性能铸铁牌号示例

2)灰铸铁

灰铸铁抗拉强度不高,但抗压强度很高,常用于制造基座及支撑件;灰铸铁具有良好的铸造性能和可加工性,常用于制造形状复杂的零件和薄壁件;灰铸铁具有良好的减振性,常用来制造机床床身,以减少机床在运动过程中的振动,从而保证机床的加工精度;具有良好的自润滑性和耐磨性,可制造发动机缸体、机床导轨等。但灰铸铁是一种脆性材料,其强度、塑性、韧性低,不适用于制造高冲击性零件。

灰铸铁的力学性能随铸件壁厚而变化,同一牌号的灰铸铁,薄壁件的冷却速度快,组织细小,抗拉强度较高;厚壁件的冷却速度慢,内部组织粗大,抗拉强度较低。所以在选用灰铸铁时,应特别注意铸件壁厚与性能的关系。

3)球墨铸铁

球墨铸铁通常分为珠光体、铁素体及贝氏体球墨铸铁。与灰铸铁相比具有较高的强度、塑性和耐磨性,又有良好的抗冲击性。球墨铸铁体积收缩比灰铸铁大,力学性能比灰铸铁好,热稳定性好,流动性与灰铸铁相近,生产过程简单、加工余量少,成本更低,应用更为广泛。

珠光体球墨铸铁有很高的抗拉强度,疲劳强度比灰铸铁高,并具有良好的耐磨性,可制造曲轴、凸轮轴、滚轮、机床主轴等重要零件。铁素体球墨铸铁的冲击韧性高,在常温时承受一次大能量冲击载荷的能力较大,承受小能量多次重复冲击能力也较强。可用于制造油泵齿轮、阀体以及承受中等载荷的零件。贝氏体球墨铸铁具有很高的强度、耐磨性和硬度,又有良好的抗冲击性,可用于制造高强度齿轮和凸轮轴等。

4)可锻铸铁

可锻铸铁不能锻造,这个名称只表示它具有一定的塑性和韧性。其综合力学性能稍次于球墨铸铁,冲击韧度比灰铸铁大 3～4 倍,流动性比灰铸铁差,热稳定性较好。可锻铸铁分黑心可锻铸铁和白心可锻铸铁。黑心可锻铸铁具有高的冲击韧性和适度的强度,用于制造承受冲击、振动及扭转负荷下工作的零件,如机床零件、管道配件、低压阀门等。白心可锻铸铁韧性较低,但强度高、耐磨性好,且加工性好,可用来制造强度和耐磨性要求高的重要零件,如曲轴、连杆、齿轮、摇臂等。

5)蠕墨铸铁

蠕墨铸铁和灰铸铁比,抗拉强度高,壁厚敏感性小,冲击韧性较好,耐磨性好。和球墨铸铁比,导热性、耐热疲劳性及减振性好,且铸造性能良好。可制造活塞环、刹车毂、机床床身导轨、柴油机缸套等零件。

2. 铸钢

在铸造凝固过程中不经共晶转变的铁基合金称为铸钢。作为铸造材料用的铸钢主要有铸造碳钢、铸造低合金钢和铸造高合金钢。与铸铁相比,铸钢的铸造性能差,主要表现在流动性差,收缩率大,易产生缩孔及裂纹。但综合力学性能好,焊接性能好,热稳定性高。用于制造形状复杂、力学性能要求高的零件,如轧钢机机架、轴承座、制动轮等。

3. 铸造有色合金

铸造有色合金包括铸造铝合金、铸造铜合金、铸造镁合金、铸造钛合金、铸造轴承合金等。铸造铝合金的铸造性能类似铸钢,相对强度随截面积的增大而显著下降;铸件壁厚不宜太厚,不宜制造复杂零件。铸造铜合金分为黄铜、锡青铜和无锡青铜。黄铜铸造性、流动性好,收缩率较大,结晶温度范围小,易产生集中缩孔;最小壁厚比灰铸铁大,不宜制造复杂零件。锡青铜铸造性与灰铸铁类似,但易产生缩松,强度随截面积的增大而显著下降;可用于铸造各种厚薄不均、尺寸准确的铸件,但壁厚不能过大,不能用来制造密封要求高的铸件。无锡青铜流动性很好,易产生集中缩孔,体积收缩率大,具有较高的强度和较好的耐磨性、耐热性;结构特点类似于铸钢件,可代替不锈钢制造精密铸件。

2.3 造型材料

用来造型、造芯的各种原砂、粘结剂和附加物等原材料,以及由各种原材料配制的型砂、芯砂等,统称为造型材料。

▶ 2.3.1 型砂的种类

型砂是指按一定比例混制的,符合造型要求的造型材料。根据其所用粘结剂的不同,型砂可分为以下几种。

1. 黏土砂

黏土砂是以黏土(包括膨润土和普通黏土)为粘结剂的型砂。黏土砂型可分为湿砂型、干砂型和表面干砂型。湿砂型目前使用得最广泛、最方便。使用湿砂型不用烘干,可直接浇入高温金属液体,既可降低成本,又能提高生产率。但是湿砂型的发气量大,强度较低,浇注后,砂型内因水分迁移,导致性能很不均匀,透气性降低,不适合制造很大或很厚的铸件。另外,由于砂型表面不使用涂料,因此,铸件表面质量较差。干砂型需在合箱和浇注前将整个砂型送入窑中烘干。一般用于单件、小批量生产的大型、重型铸件,或者用于表面要求高、承受高压或结构特别复杂的铸件。表面干砂型只在浇注前对型腔表层用适当方法烘干至一定深度,一般用于铸铁件和有色金属。

黏土砂按作用分为面砂、背砂和单一砂。铸型表面直接与高温金属液体接触的型砂称为面砂,性能要求较高,要求为 80% 以上的新砂。在面砂覆盖模样后,填充砂箱的型砂称为背砂,除透气性外其他性能要求不高,旧砂稍加处理即可。在机械化生产中,为了方便生产、提高生产率,常采用不分面砂、背砂的单一砂。

2. 水玻璃砂

水玻璃砂是由水玻璃(硅酸钠的水溶液)为黏结剂的型砂。水玻璃砂型浇注前需进行硬化,以提高强度。由于水玻璃砂的使用,取消或缩短了烘干工序,使大型铸件的造型工艺大为简化,提高了生产率。但水玻璃的溃散性差,落砂、清砂及旧砂回用都很困难,且在浇注铸件时粘砂严重,故不适于生产铸铁件,主要应用在铸钢件生产中。

3. 树脂砂

树脂砂是一种新型造型材料,是以合成树脂为黏结剂的型砂。树脂砂加热后 1~2 分钟可快速硬化,硬化后强度很高,制成的铸型尺寸精确、表面光洁。树脂砂溃散性极好,落砂很容易,且造型过程易于实现机械化和自动化。树脂砂主要用于制造复杂的砂芯及大铸件造型。

▶ 2.3.2 湿型砂的组成及性能要求

1. 湿型砂的组成

湿型砂主要由石英砂、膨润土、煤粉和水等材料所组成,如图 2-5 所示。

(1)石英砂。石英砂是型砂的主体,其主要成分是 SiO_2,熔点为 1713℃。铸铁湿型砂常采用颗粒较细的圆形或多角形的天然砂。

(2)膨润土。膨润土主要是由蒙脱石组矿物组成的,吸水后形成胶状的黏土膜,包覆在砂粒表面,可以把单个砂粒黏结起来,使型砂具有湿态强度。膨润土的使用需要在保证用量最少的情况下得到足够的强度、透气性和低的发气量。

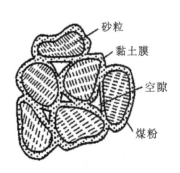

砂粒
黏土膜
空隙
煤粉

图 2-5 型砂结构示意图

(3)煤粉和重油。煤粉是附加物质,主要用于铸铁件。煤粉在高温受热时,分解出一层碳附着在型腔表面,防止铸铁件粘砂。在重要件的面砂中还加入重油,以提高型砂的抗粘砂和抗夹砂的能力。

2. 对湿型砂的性能要求

在铸造生产中,型砂的性能直接影响到铸件质量,要严格控制型砂的工作性能和工艺性能。工作性能是指砂型经受自重、外力、高温金属液烘烤和气体压力等作用的能力,包括湿强度、透气性、耐火度和退让性等;工艺性能是指便于造型、修型和起模的性能,如流动性、韧性、溃散性等。

(1)湿强度。湿型砂抵抗外力破坏的能力称为湿强度,包括抗压、抗拉和抗剪强度等。要有足够的抗压强度以保证在铸造过程中铸型不破损、不塌陷,但强度太高会导致铸型过硬,收缩阻力增大,透气性降低,落砂也较困难。

(2)透气性。型砂间的孔隙透过气体的能力称为透气性。浇注时,型砂中的水分受高温气化产生大量气体,这些气体必须通过铸型本身排出去。如果型砂透气性太低,气体排不出去,铸件易形成气孔、浇不到等缺陷。但透气性太高会使砂型疏松,铸件易出现表面粗糙和机械粘砂的缺陷。影响透气性的因素包括石英砂的粒度(颗粒大小)和均匀度及黏土和水分的含量。砂粒越粗越均匀,透气性越好;黏土加入量越大,透气性越差;水分要适中,过多的水分会导致透气性降低。

(3)耐火度。耐火度是指型砂能经受高温热作用的能力。耐火度主要取决于砂中 SiO_2 的含量、砂粒大小与形状、黏土含量。一般来说,SiO_2 含量越多,耐火度越高;砂粒颗粒大,耐火度高;圆形砂粒比尖角砂粒耐火度高;黏土含量大,耐火度下降。

(4)退让性。在铸件因凝固、冷却产生收缩时,型砂能被压缩、退让的性能称为退让性。型砂退让性不足,会使铸件收缩受到阻碍,产生内应力,造成变形、裂纹等缺陷。小砂型应避免舂得过紧,大砂型可在型(芯)砂中加入锯末、焦炭粒等材料,以增加退让性。

(5)流动性。型砂在外力或重力作用下,沿模样表面和砂粒间相对移动的能力称为流动性。流动性好的型砂易于充填、舂紧并能够形成均匀紧实、轮廓清晰、表面光洁、尺寸精准的型腔。

(6)韧性。韧性也称为可塑性,是指型砂吸收塑性变形的能力。韧性好的型砂起模性好,型砂柔软、容易变形,起模和修型时不易破碎及掉落。但韧性高的型砂流动性差,所以手工起模时只在模样周围型砂上刷水以增加局部型砂的水分,提高局部型砂韧性。

(7)溃散性。溃散性是指型砂浇注后容易溃散(即散落)的性能。溃散性好可以提高落砂和清砂的效率。溃散性与型砂配比及黏结剂种类有关。

2.3.3 型砂的制备

根据工艺要求对造型用砂和造芯用砂进行配料和混制的过程称为型砂、芯砂制备。型砂混制是在混砂机中进行的,在碾轮的碾压及搓揉作用下,各种原材料混合均匀并使黏土膜均匀包敷在砂粒表面。从成本和环保角度来看,型砂的制备应使用旧砂,但浇注后型砂受高温作用性能变差,故使用后的旧砂应掺入新材料,经过混制后恢复型砂的良好性能后才能使用。

湿型砂的混制过程是:依次加入旧砂、新砂、黏土和煤粉后,先干混 2~3 分钟,再加水湿混 6~10 分钟,然后卸砂,放置 4~5 小时使其混合均匀。混好的型砂应进行性能测试,以确定是否达到相应的性能要求,使用前还要用筛砂机或松砂机进行松砂。表 2-2 至表 2-4 分别是铸铁件、铸钢件、有色合金铸件湿型砂的配比及性能指标。

表 2-2 铸铁件湿型砂的配比及性能

使用范围	配比(质量分数/%)							性能
	新砂	旧砂	膨润土	煤粉	碳酸钠	重油	水分	湿压强度/$\times 10^4$ Pa
单一砂	10~20	80~90	2~3	2~3	0~0.1	0~1.0	4.0~5.0	6~8
面砂	40~50	50~60	4~6	4~6	0~0.2	1~1.5	4.5~5.5	9~11
背砂	0~10	90~100	0~1.5	—	—	—	4.5~5.5	4.5~5.5

表 2-3 铸钢件湿型砂的配比及性能

使用范围	配比(质量分数/%)					性能
	新砂	膨润土	糖浆或纸浆	碳酸钠	水分	湿压强度/$\times 10^4$ Pa
<200 kg	100	5~7	1.5~2.0	—	4.0~5.0	6~7
>200 kg	100	8~10	1~1.5	0.3~0.5	5.0~6.0	7~8

表 2-4 有色合金铸件湿型砂的配比及性能

使用范围	配比(质量分数/%)				性能
	新砂	旧砂	膨润土	水分	湿压强度/$\times 10^4$ Pa
小件	20~40	80~60	2~3	4~6	2~4
大件	100	0	6~10	4.5~6	8~9

▶ 2.3.4 芯砂

为获得铸件的内腔或局部外形,用芯砂或其他材料制成的安放在型腔内部的组元称为型芯。绝大部分型芯是用芯砂制成的,又称砂芯。由于砂芯的表面被高温金属液所包围,工作条件恶劣,因此砂芯必须具有比砂型更高的强度、透气性、耐火度和退让性等。

芯砂种类同型砂一样主要有黏土砂、水玻璃和树脂砂等。黏土砂芯因强度低、需加热烘干、溃散性差,应用日益减少。为保证足够的性能要求,芯砂中黏土新砂加入量要比型砂高或全部用新砂。水玻璃砂主要用在铸钢件砂芯中。快干自硬、强度高、溃散性好的树脂砂应用日益广泛,特别适用于大批量生产的复杂砂芯。

2.4 造型和造芯

▶ 2.4.1 模样、芯盒与砂箱

用型砂及模样、芯盒等工艺装备制造铸型的过程称为造型。由型砂制造的铸型又称砂型,

是由上砂型、下砂型、型腔(形成铸件形状的空腔)、砂芯、浇注系统和砂箱等部分组成。铸型的组成及各部分名称见图2-6。造型方法可分为手工造型和机器造型两种。不论哪种方法,在砂型铸造造型时模样、芯盒、砂箱都是使用的主要工艺装备。

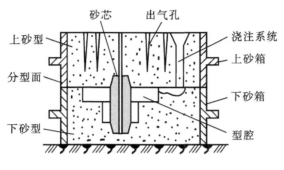

图2-6 铸型组成图

1. 模样

模样是根据零件形状设计制作,用来形成铸型型腔的工艺装备。模样必须具有足够的强度和尺寸精度,并且表面要光洁。

一些模样是用木材制成的,具有容易加工成形、成本低等特点,但木模强度和刚度较低,容易变形和损坏,只适宜单件小批量生产。批量生产一般采用金属模样或塑料模样。模样设计要考虑到铸造工艺参数,如加工余量、收缩余量、铸造圆角、最小铸出孔槽和起模斜度等。如图2-7所示为根据零件形状进行的模样设计。

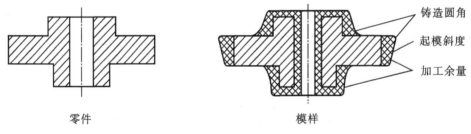

图2-7 零件与模样

2. 芯盒

芯盒是制造芯型的工艺装备。一般有金属芯盒、木质芯盒、塑料芯盒和金木结合芯盒。在批量生产中,多采用金属芯盒以提高砂芯精度和芯盒耐用性。芯盒按结构可分为整体式、对开式和可拆式等多种。

3. 砂箱

砂箱是铸型中容纳和支承砂型的刚性框。它还具有便于翻转和吊运砂型、浇注时防止金属液将砂型胀裂等作用。砂箱的箱体一般为方形框架结构,如图2-8所示,在砂箱两旁设有便于合型的定位、锁紧装置和吊运装置,尺寸较大的砂箱,在框架内还设有箱带。一般根据铸件的尺寸、造型方法选择合适的砂箱。砂箱常用铸铁或铸钢制成,有时也可用铝合金及木材等制成。

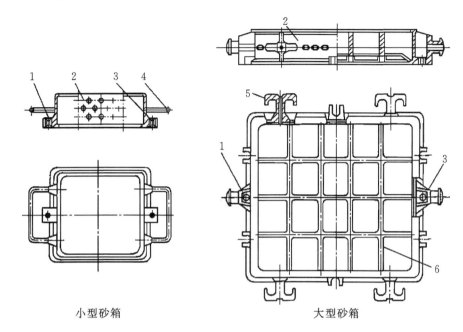

图 2-8 砂箱结构示意图

小型砂箱　　　　　　大型砂箱

1—定位套；2—箱体；3—导向套；4—环形手柄；5—吊耳；6—箱带

除模样、芯盒与砂箱外，砂型铸造的工艺装备还有托住砂箱的造型平板、填砂用的填砂框、压实砂箱用的压砂板以及用于砂芯的烘芯板等。

2.4.2 手工造型工艺

手工造型指用手工完成紧砂、起模、修型及合型等主要操作的造型过程。手工造型操作灵活，工具简单，但生产效率低，劳动强度大，仅适用单件、小批量生产。

1. 手工造型工具

（1）砂春，是造型时用来春实型砂的工具。砂春分扁头和平头两种，如图 2-9 所示，平头砂春用来春实砂型表面，扁头砂春用来春实模样周围、砂箱边缘或狭窄部分的型砂。

（2）刮板，又称刮尺，用平直的木板或铁板制成，长度比砂箱宽度稍长。用于刮去春实砂型后高出砂箱的型砂。

（3）通气针，又称气眼针，如图 2-10 所示，用来在砂型中扎出通气的孔眼，通常用铁丝或钢条制成，有直针和弯针两种。

（4）起模针、起模钉，用来起出砂型中模样的工具。起模针的工作端为尖锥形，用于起出较小的模样；起模钉的工作端为螺纹，用来起出较大的模样，如图 2-11 所示。

（5）镘刀，又称刮刀，可以用来修理砂型或砂芯的较大平面，也可以开挖浇冒口、切割沟槽等。镘刀有平头、圆头和尖头等几种，如图 2-12 所示。其材质一般为工具钢，手柄用硬木制成。

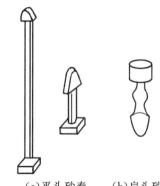

（a）平头砂春　　（b）扁头砂春

图 2-9 砂春

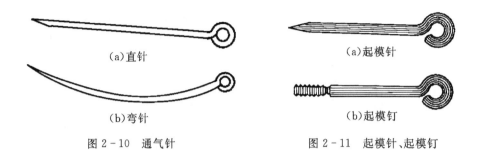

（a）直针

（b）弯针

图 2-10　通气针

（a）起模针

（b）起模钉

图 2-11　起模针、起模钉

（6）砂钩，又称提钩，用来修理砂型或砂芯的深而窄的底面和侧壁，也可以提出散落在型腔中的型砂等。常用的有直砂钩和带后跟砂钩，如图 2-13 所示。

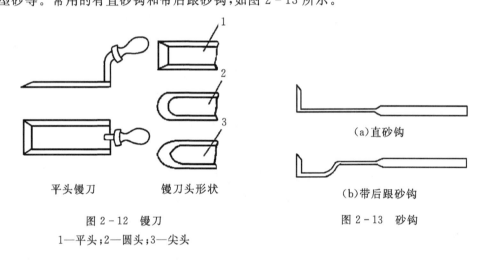

平头镘刀

镘刀头形状

图 2-12　镘刀
1—平头；2—圆头；3—尖头

（a）直砂钩

（b）带后跟砂钩

图 2-13　砂钩

（7）圆头，用于修整圆形或弧形凹槽的工具，如图 2-14 所示，一般用铜合金制成。

（8）半圆，又称竹爿梗或光平杆，用来修整弧形的垂直内壁，也可春其底面，如图 2-15 所示。

（9）法兰梗，又称光槽镘刀，用来修理砂型或砂芯的深窄底面及管子两端法兰的窄边，如图 2-16 所示。

（10）成型镘刀，用来修整砂型或砂芯上的内外圆角、方角和弧形面等。如图 2-17 所示，其工作面形状多种多样。

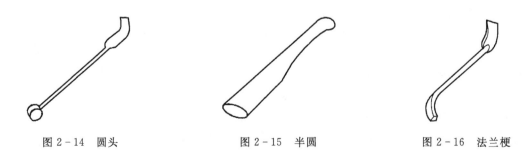

图 2-14　圆头

图 2-15　半圆

图 2-16　法兰梗

(11)压勺,用来修整砂型或砂芯的较小平面,也可开设较小的浇道等。其一端为弧面,另一端为平面,勺柄斜度为30°,如图2-18所示。

(12)双头铜勺,又称秋叶,用来修整曲面或窄小的凹面。其形状如图2-19所示。

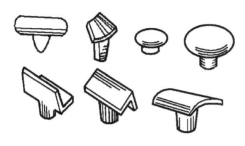

图2-17 成型镘刀   图2-18 压勺

(13)掸笔,用来润湿模样边缘的型砂,以便起模和修型,也可对狭小型腔刷涂料。常见的掸笔有扁头和圆头两种,如图2-20所示。

(14)排笔,主要用来清扫铸型上的灰尘和砂粒,或用于给砂型上的大表面涂刷涂料。其形状如图2-21所示。

(15)手风箱,又称皮老虎,用来吹去砂型上散落的杂物和砂粒,如图2-22所示。使用时不可用力过猛,以免损害砂型。

(a)扁头掸笔

(b)圆头掸笔

图2-19 双头铜勺   图2-20 掸笔

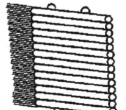

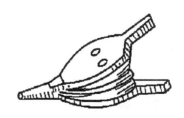

图2-21 排笔   图2-22 手风箱

2. 手工造型的主要工序

一个完整的手工造型工艺过程应包括准备工作、安放模样、填砂、紧实、扎通气孔、起模、开设浇道及冒口、修型、合型等主要工序。下面以整模手工造型举例说明操作顺序。

1) 安放模样和砂箱

按铸造工艺方案将模样安放在造型平板的适当位置,如图 2-23 所示,使模样与砂箱内壁之间留有合适的吃砂量。安放模样时应注意起模方向,应将模样大端朝向平板,若方向放错,起模后会损害型腔。若模样容易粘附型砂,可撒上一层防粘模材料或涂刷涂料。

图 2-23　安放模样及撒防粘模材料

2) 填砂和舂砂

在模样的表面筛上或铲上约 20 mm 的面砂,将模样盖住。再分批填入背砂,用扁头砂舂将背砂逐层舂实,最后再填入一层背砂,用平头砂舂舂实,如图 2-24 所示。舂砂时,下砂箱应比上砂箱舂得紧实,同一砂型各处的紧实度也应有所不同:靠近砂箱内壁应舂紧,以免塌箱;靠近模样处应较紧,以使型腔承受熔融金属的压力;其他部分应较松,以利于透气。并且舂头应和模样保持 20~40 mm 的距离,靠太近会舂坏模样,还会把砂舂得太硬。为了保证砂型的紧实、平整,舂砂时还要按照一定线路进行,如图 2-25 所示。

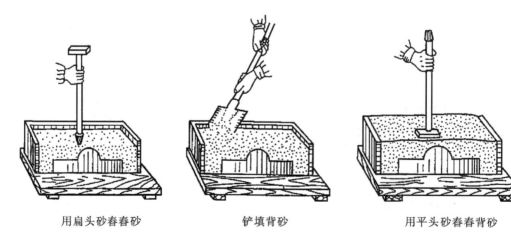

用扁头砂舂舂砂　　　　铲填背砂　　　　用平头砂舂舂背砂

图 2-24　填舂背砂

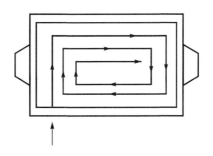

图 2-25　春砂路线

3）修整、扎通气孔和翻型

如图 2-26 所示，用刮板刮去多余的背砂，使砂型表面和砂箱边缘平齐，并在砂型上用通气针扎出通气孔，然后翻转下砂型。

刮去多余型砂　　　　　　　扎出通气孔　　　　　　　翻转下砂型

图 2-26　修整和翻型

浇注时会产生大量气体，尽管气体可以通过型砂颗粒间的空隙排出一部分，但排不完全。扎出通气孔就是为了及时排出气体，避免铸件产生气孔缺陷。扎通气孔时应注意以下几个方面。

①通气孔应在砂型春实刮平后再用通气针扎出，否则扎出的通气孔又会在刮平砂型的过程中被堵塞。

②通气针的粗细应根据砂型大小选择，一般为 $\varnothing 2\sim 8\ mm$。

③通气孔的数目一般应保持每平方分米的面积不少于 $4\sim 5$ 个。

④通气孔的深度离模样应有 $2\sim 10\ mm$ 的距离。太深，浇注时金属液会进入通气孔，使其失去作用；太浅，通气孔的作用会大大减弱，气体不能及时排出。

4）修整分型面

上下砂箱之间的平面为分型面。修整分型面时用镘刀将模样四周的砂型表面修平，并为了防止上、下型砂粘在一起，在分型面上撒上一层分型砂，撒分型砂时应一边转圈、一边摆动，使分型砂均匀地撒落下来，如图 2-27 所示。然后用手风箱吹去模样上的分型砂，如图 2-28 所示。

图 2-27 撒分型砂

图 2-28 吹去模样上的分型砂

5)放置上砂箱

将上砂箱套放在下砂型上,再均匀地撒上防粘模材料,如图 2-29 所示。

6)填砂和舂实

如图 2-30 所示,安放浇口模样后加入面砂,放上出气冒口,铲入背砂,用扁头砂舂逐层舂实,最后再堆高一层背砂,用平头砂舂舂实型砂。舂砂力度大小要适当,并按一定路线进行。

图 2-29 撒防粘模材料

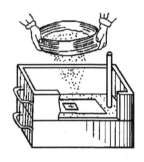

图 2-30 加面砂和放置浇口模样

7)修型和开型

用刮板刮去多余的背砂,使砂型表面和砂箱边缘平齐,用镘刀刮平浇冒口处型砂,扎出通气孔,取出浇口模样。在砂箱上做出合型记号,再敞开上砂型翻转放好,如图 2-31 所示。

8)修整分型面

清洁分型砂后用掸笔润湿靠近模样处的型砂,然后开挖浇道,如图 2-32 所示。

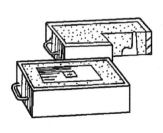

图 2-31 敞开上型砂

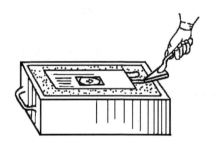

图 2-32 开挖浇道

9)起模

松动模样,然后用起模钉或起模针将模样从砂型中小心起出,并将损坏的砂型修补好,如图 2-33 所示。

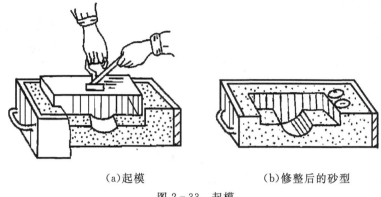

(a)起模 　　　　　 (b)修整后的砂型

图 2-33　起模

10)合型

将修整后的上砂型按照定位装置或合型记号放置在下砂型上,放置压铁,抹好箱缝,准备浇注,如图 2-34 所示。浇注冷却后带浇道的铸件如图 2-35 所示。

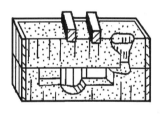　　　　　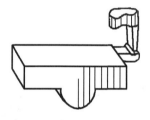

图 2-34　合型后的砂型 　　　　 图 2-35　带浇道的铸件

3. 常用手工造型方法

1)整模造型

整模造型是将模样做成一个整体,分型面位于模样的某个端面上,模样可直接从砂型中起出的造型方法。整模造型一般用于铸造形状简单、几何形状清晰、最大截面在端面的零件,其特点是造型简便、尺寸准确。造型时,先将下砂型春好,翻箱,再春制上砂箱,然后开箱、开浇道、起模、合型,如图 2-36 所示。

2)分模造型

分模造型是将模样从其最大截面处分开作为分模面,并以此面作为分型面的造型方法。有些铸件有一个过轴线的最大截面,如套筒、管子、阀体等,采用分模造型操作简便。有些结构复杂、尺寸较大、具有几个较大截面而又互相影响起模的铸件,也可将其分成几部分,采用分模造型。分模面和分型面上均安有定位装置,防止模样错开、合型时错型。

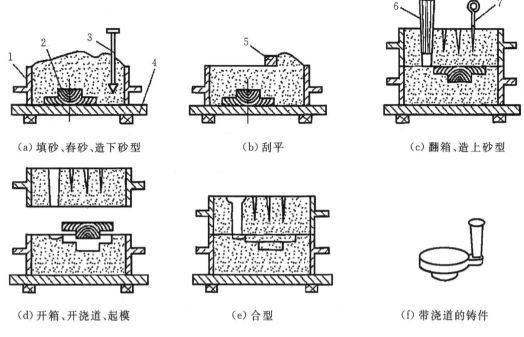

（a）填砂、春砂、造下砂型　　　（b）刮平　　　（c）翻箱、造上砂型

（d）开箱、开浇道、起模　　　（e）合型　　　（f）带浇道的铸件

图 2-36　整模造型

1—砂箱；2—模样；3—砂春；4—底板；5—刮板；6—浇口棒；7—通气针

套筒的分模造型过程如下，如图 2-37 所示。

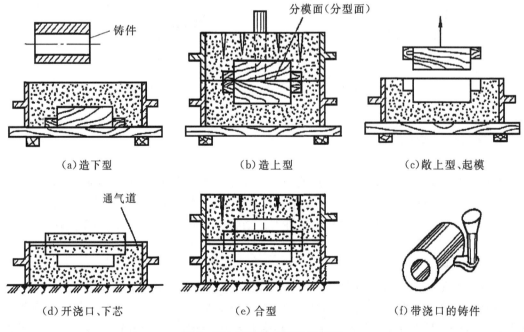

（a）造下型　　　（b）造上型　　　（c）敞上型、起模

（d）开浇口、下芯　　　（e）合型　　　（f）带浇口的铸件

图 2-37　套筒的分模造型过程

①造下箱。将模样和下砂箱放在底板上,在模型周围放一层面砂,然后逐层填入背砂并舂实,刮去多余的型砂。修整后把下箱翻过来,刮平分型面。

②造上箱。在已造好的下箱上对好定位装置,放入另一半模型和上砂箱,撒上分型砂,放置浇冒口,在模型周围放一层面砂,再分批地装入背砂并用砂舂舂紧实,刮去多余的型砂,扎通气孔,拔去浇口模样,做分型标记。将上箱取下并翻转。

③起模、开内浇道。分别起出上、下箱中的模型。

④模型起出后,修补砂型,并在铸型适当的位置上挖出浇道,放入砂芯。

⑤合型后即可进行浇注。

3)活块模造型

活块模造型是采用带有活块的模样造型的方法。当模样上有妨碍起模的伸出部分时,常将该部分制成活块,并用燕尾槽或活动销将活块连接在模样上,起模或脱芯后,再将活块取出。如图 2 – 38 用钉子连接的活块模造型时,应注意先将活块四周的型砂塞紧,然后拔出钉子。用燕尾槽联接的活块模在起模时,先将模样主体取出,再将留在铸型内的活块取出。活块模造型对操作工人的技术水平要求较高,操作较麻烦,生产率较低,适用于有凸台、肋条等结构无法直接起模的铸件。

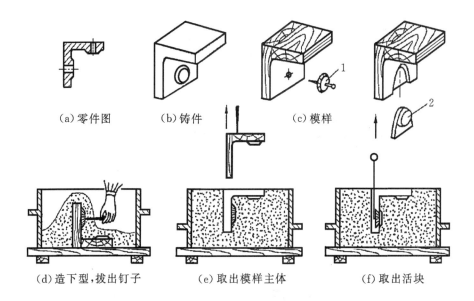

(a)零件图　　(b)铸件　　(c)模样

(d)造下型,拔出钉子　　(e)取出模样主体　　(f)取出活块

图 2 – 38　活块模造型
1—用钉子连接的活块;2—用燕尾槽连接的活块

4)挖砂造型

有些模样按其结构形状需采用分模造型,但从强度和刚度因素考虑,又不允许将模样分开,需要在造型时将妨碍起模部分的型砂挖掉,这种造型方法就叫挖砂造型。挖砂造型的模样多为整体模,挖砂操作技术要求较高,生产率较低,适用于形状较复杂铸件的单件生产。图 2 – 39所示是壳体的挖砂造型过程。

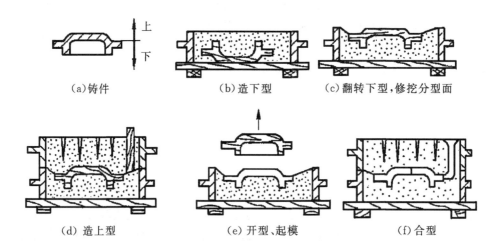

（a）铸件　　　　　（b）造下型　　　　　（c）翻转下型，修挖分型面

（d）造上型　　　　（e）开型、起模　　　　　（f）合型

图 2-39　挖砂造型过程

5）假箱造型

假箱造型是省去挖砂造型中修挖分型面的过程，用预先制好的半个铸型（即为假箱）代替底板的造型方法。假箱只参与造型，不用来铸型。手轮的假箱造型过程如图 2-40 所示，先以不带浇口的上型当假箱，安放模样，造下型，随后造上型、合型等。造上型和合型的操作与挖砂造型相同。

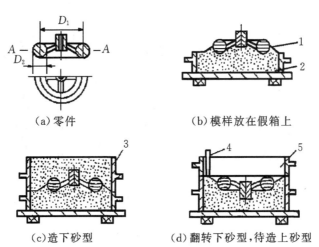

（a）零件　　　　　　　　（b）模样放在假箱上

（c）造下砂型　　　　　（d）翻转下砂型，待造上砂型

图 2-40　假箱造型

1—模样；2—假箱；3—下砂型；4—浇口棒；5—上砂箱

6）三箱造型

对一些形状复杂的铸件，只用一个分型面的两箱造型难以正常取出型砂中的模样，必须采用三箱或多箱造型的方法。三箱造型有两个分型面，操作过程复杂，生产效率低，只适用于单件小批量生产，其工艺过程如图 2-41 所示。

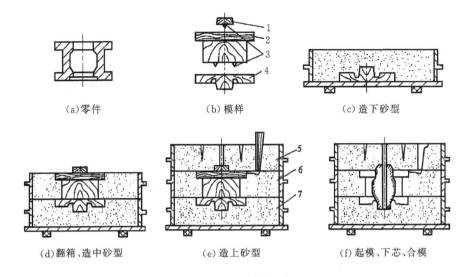

图 2-41 三箱造型

1—上箱模样；2—中箱模样；3—销钉；4—下箱模样；5—上砂型；6—中砂型；7—下砂型

7）刮板造型

刮板造型是指不用模样而用刮板操作的造型和制芯方法。根据铸件的表面形状，制作刮板，通过刮板作旋转、直线或曲线运动，形成相应的砂型型腔。如某些小批量、尺寸较大的旋转体类铸件，若制作模样则要消耗大量材料和工时，可以用一块和铸件截面或轮廓形状相适应的刮板来代替模样，刮制出砂型型腔。刮板造型模样制作简单省料，但造型生产效率低，并要求较高的操作技术。

刮板造型分为旋转刮板造型和导向刮板造型。旋转刮板造型应用相对广泛，是利用刮板绕一固定轴线旋转的造型方法，其中绕垂直轴线旋转的旋转刮板造型较多见。如图 2-42 所示，铸件断面上的 a,b,c,d,e,f,g,h,i,j 各点，在刮板上都有相对应 a,b,c,d,e,f,g,h,i,j 点。刮板的工作面在旋转过程中，刮出所需要的砂型形状。

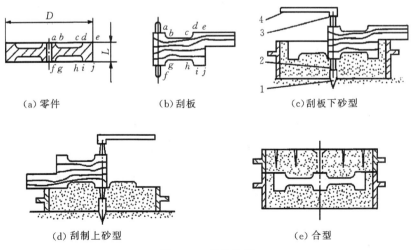

图 2-42 刮板造型

1—木桩；2—下顶针；3—上顶针；4—转动臂

2.4.3 机器造型工艺

机器造型是完全或部分用机械方式完成填砂、实砂和起模过程的造型方法。填砂是将备好的型砂填充砂箱的过程。实砂是机器造型的关键,就是使砂型紧实,达到一定的强度和刚度的过程。起模就是将模样与砂型分离或砂芯与芯盒分离的操作过程。机器造型适用于批量生产,与手工造型相比劳动强度低、生产效率高,铸件尺寸精度较高,表面粗糙值较低。

1. 造型方法

(1)压实造型:压实造型是填砂后,借助压头或模样所传递的压力将型砂紧实成型的造型方法。中、低压造型用于精度要求不高的简单铸件小批量生产。高压造型生产效率高、砂型紧实度高,用于尺寸精度和表面质量要求高的较复杂铸件的大批量生产。图2-43为多触头高压造型工作原理图。

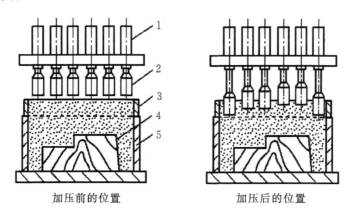

加压前的位置　　　　　　加压后的位置

图2-43　多触头高压造型工作原理图

1—液压缸;2—触头;3—辅助框;4—模样;5—砂箱

(2)射压造型:射压造型是利用压缩空气将型砂以很高的速度射入砂箱并加以挤压紧实的造型方法,其工作原理如图2-44所示。射压造型的特点是砂型紧实度均匀,射砂过程既是填砂又是实砂,生产效率高,工作无振动噪声,一般应用在中、小件的成批铸件的生产中,尤其适用于无芯或少芯铸件。

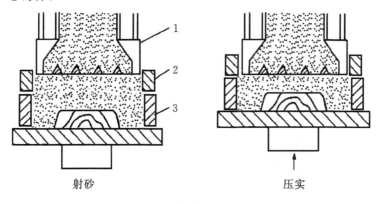

射砂　　　　　　　　　　压实

图2-44　射压造型工作原理图

1—射砂头;2—辅助框;3—砂箱

（3）震压造型：震压造型是利用震动和加压使型砂压实，工作原理如图 2－45 所示。震压造型相比压实造型可获得更均匀、紧实的砂型，可用于精度要求高、形状复杂铸件的成批生产。

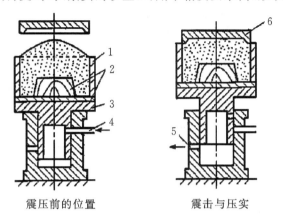

震压前的位置　　　　　　　震击与压实

图 2－45　震压造型工作原理图

1—砂箱；2—模板；3—汽缸；4—进气口；5—排气口；6—压板

机器造型还有抛砂造型、气流紧实造型等多种方法。抛砂造型是通过旋转的抛头将砂团高速抛入砂箱，使砂层在高速砂团的冲击下紧实，常用于小批量生产的中、大型铸件。气流紧实造型是使具有一定压力的气体瞬间膨胀，释放出压力使型砂紧实，常用于精度要求高的复杂铸件的大批量生产。

2. 机器起模

机器起模比手工起模平稳，能降低工人劳动强度。机器起模有顶箱起模和翻转起模两种。

（1）顶箱起模：如图 2－46 所示，起模时利用液压或气压，用四根顶杆顶住砂箱四角，使之垂直上升，固定在工作台上的模板不动，砂箱与模板逐渐分离，实现起模。

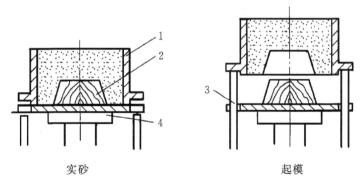

实砂　　　　　　　　　　　起模

图 2－46　顶箱起模

1—砂箱；2—模板；3—顶杆；4—造型机工作台

（2）翻转起模：如图 2－47 所示，起模时用翻台将型砂和模板一起翻转 180°，然后用接箱台将砂型接住，固定在翻台上的模板不动，接着下降箱台使砂箱下移，完成起模。

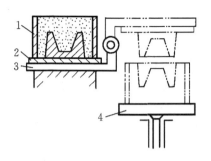

图 2-47　翻转起模

1—砂箱;2—模板;3—翻台;4—接箱台

3. 工艺特点

机器造型的工艺特点如下。

(1)使用模板造型。如图 2-48 所示,固定模样、浇冒口的底板称为模板,模板上有定位销与砂箱的定位孔配合。

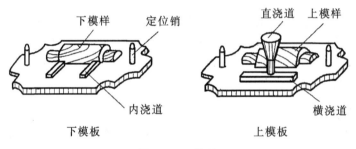

图 2-48　模板

(2)只适用于两箱造型。造型机无法造出中箱,不能进行三箱造型。当需三箱造型的铸件用机器造型时,要采取一定措施,使之变为两箱造型。如图 2-49 所示,可用一个外砂芯形成带轮侧面,而使模样形状简化,适于机器造型。

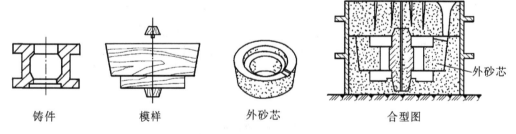

图 2-49　用加外砂芯法将三箱造型改为两箱造型

(3)不宜使用活块。取活块会明显降低造型机的效率。图 2-50 中带凸台的铸件进行机器造型时,也可采用外砂芯来形成凸台,以简化模样,消除活块。

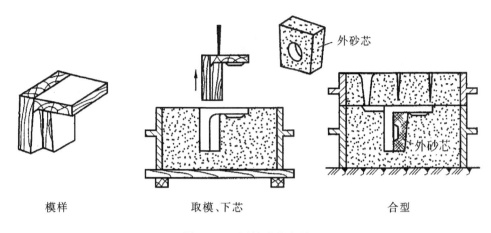

模样　　　　　　　　　取模、下芯　　　　　　　　合型

图 2-50　用外砂芯造型

4. 机器造型生产线

　　大批量生产时,常采用各种铸型输送装置,将造型机和铸造工艺过程中的各种辅助设备(如翻箱机、落箱机、合箱机和捅箱机等)连接起来,组成机械化的造型系统,成为造型生产线。

　　如图 2-51 所示,造型生产线的工艺流程是:两台造型机分别造出上、下型;下型至翻箱机处翻转,再由落箱机送到铸型输送机的平板上,手工下芯;上型造好后经翻转检查,进入合箱机进行合箱。铸型按箭头所示方向被运至压铁机下放压铁,至浇注段进行浇注,然后进入冷却室,冷却后由压铁机取走压铁。铸型再运到捅箱机处捅出砂型。空砂箱分别运回到上、下造型机处;带铸件的砂型则被运到落砂机上,落砂后铸件被送到清理工部,旧砂则被运到旧砂处理工部。

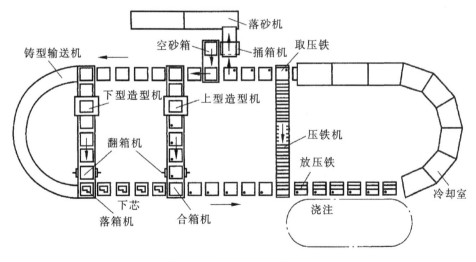

图 2-51　造型生产线示意图

2.4.4　造芯工艺

1. 砂芯的作用

　　为形成铸件的内腔、孔和局部复杂外形,用芯砂或其他材料制成的安放在型腔内部的组元称为型芯。绝大部分型芯是用芯砂制成的,又称砂芯。砂芯的作用如下:

(1)形成铸件的内腔、内孔。砂芯的几何形状与要形成的内腔及内孔相一致。

(2)形成铸件的外形。可用砂芯来形成外部形状复杂的局部凹凸面。

(3)加强铸型强度。对于某些大、中型铸件,为了防止砂型因强度不够而被冲垮,常在受冲刷较强的地方放入高强度的砂芯,以加强铸型强度。

2. 造芯方法

造芯方法可分为手工造芯和机器造芯。手工造芯是传统的造芯方法,一般依靠人工填砂紧实,也可借助木锤或小型捣固机进行紧实。机器造芯方法与机器造型方法类似。具体分类如图 2-52 所示。

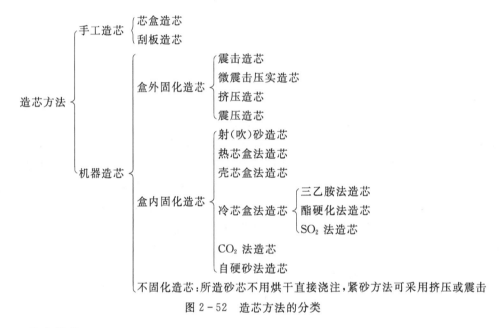

图 2-52 造芯方法的分类

3. 芯盒造芯

1)工艺流程

芯盒制芯一般按如下工艺流程进行:准备芯盒,填砂,舂砂,放芯骨,扎出气孔及开通气道,取芯,刷涂料,烘干。

(1)放芯骨。放芯骨是为了提高强度、固定砂芯。小砂芯的芯骨可用铁丝制作,中、大型砂芯要用铸铁芯骨。芯骨还能起到固定砂芯的作用。

(2)排气。简单的小砂芯可用通气针扎出通气孔排气。有些砂芯中必须做出通气道,以提高砂芯的透气性。砂芯通气道一定要与砂型出气孔接通。大、中型圆柱状砂芯,常用带小孔的铁管做芯骨,使浇注时产生的气体从小孔进入管中,再由两端向外排出。大砂芯内部可放入焦炭块、炉渣等以便于排气。

(3)刷涂料。大部分砂芯表面要刷一层涂料,以提高耐高温性能,防止铸件粘砂。铸铁件多用石墨粉涂料,铸钢件多用石英粉涂料。

(4)烘干。砂芯烘干后强度和透气性都能提高。

2)造芯方式

按芯盒结构的不同,芯盒制芯可分为整体式、对分式和脱落式三种。

(1)整体式芯盒制芯。整体式芯盒适用于形状简单、自身斜度较大的中、小型砂芯,如图 2-53所示。芯盒上面有较大的敞口,且敞口多为平面。

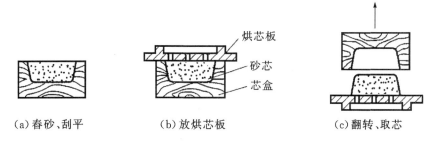

(a)舂砂、刮平　　　　　(b)放烘芯板　　　　　(c)翻转、取芯

图 2-53　整体式芯盒制芯

(2)对开式芯盒制芯。圆柱体、长方体类型的砂芯,虽然芯头的两个端面都是平面,但由于砂芯的长度比直径大,如果将芯盒做成整体式,舂砂和取出砂芯都比较困难,因此,需将芯盒做成对开式。砂芯长度较短时可将两半芯盒合成一个整体,然后用卡具卡紧再舂砂,如图 2-54 所示。对长度较长的砂芯,可以将两半芯盒分别舂制,然后再合成一个整体砂芯。

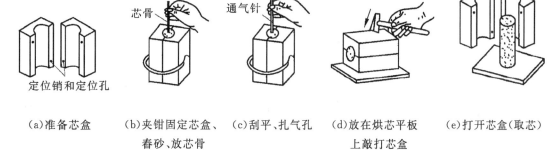

(a)准备芯盒　　(b)夹钳固定芯盒、　(c)刮平、扎气孔　(d)放在烘芯平板　(e)打开芯盒(取芯)
　　　　　　　　舂砂、放芯骨　　　　　　　　　　上敲打芯盒

图 2-54　对开式芯盒制芯

(3)可拆式芯盒制芯。对于形状复杂的砂芯,如用整体式和对开式芯盒无法取芯时,可将芯盒分成几部分,将芯盒四周妨碍取芯的部分做成活块以便于取芯,如图 2-55 所示。

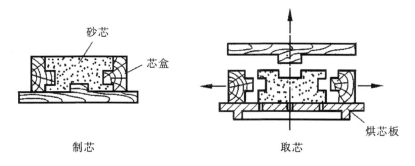

制芯　　　　　　　　　　　　　取芯

图 2-55　可拆式芯盒制芯

2.5 合型、熔炼和浇注

2.5.1 合型

合型,又称合箱,是将上型、下型、砂芯等组成一个完整铸型的操作过程。合型是制造铸型的最后一道工序,过程如下。

1. 铸型的检验和装配

合型前应先清除型腔和砂芯表面的浮砂,并检查各通气道是否通畅。下芯应平稳、准确,并将砂芯通气道与砂型通气道相连。固定砂芯后,按照定位记号或定位装置平稳、准确地合上上型。

合型后应检查直浇道与下砂型的横浇道是否对准,检查分型面的密封情况。所有通气孔要做出标记,以便浇注时点火引气。

2. 铸型的紧固

金属液浇入型腔后,会产生较大的抬型力,因此,砂型合型后必须进行紧固后才能浇注。如图 2-56 所示,紧固的方法应根据砂型的大小、砂箱结构和造型方法来决定。

(1)小型砂型的紧固。由于小型铸件浇注时的抬型力不大,因此可用压铁紧固。压铁重量应大于抬型力;压铁安放的位置要对称均衡,要压在箱带或箱边上,不能堵住出气孔,也不能妨碍浇注操作。安放压铁要小心轻放。

(2)中型砂型的紧固。中型砂型的抬型力较大,因此需用卡子或螺栓紧固。紧固前要在箱角处垫上铁块,以免紧固时将砂型压崩。紧固螺栓时要用力均匀,且最好在对称方向同时进行,以免上型倾斜。

(3)大型砂型的紧固。大型铸件的抬型力大,常用大型螺杆与压梁来紧固。

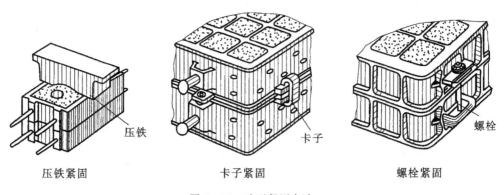

压铁紧固　　　　　　卡子紧固　　　　　　螺栓紧固

图 2-56 砂型紧固方法

2.5.2 合金的熔炼

合金的熔炼是铸造的必要过程之一,包括合理选择熔炼设备和工具,正确计算配料,精心处理炉料及严格控制熔炼工艺过程。合金熔炼是决定铸件质量与成本的一项根本因素。铸件的许多性能指标很大程度上是由金属液的化学成分、纯度等决定的,若控制不当会使铸件化学成分和力学性能不合格,或产生气孔、夹渣、缩孔等缺陷。对合金熔炼的要求是金属液化学成分合格、耗费能源少、金属烧损少、熔炼速度快。

熔炼的主要设备包括冲天炉、感应电炉和坩埚炉。

1. 冲天炉熔炼

冲天炉是熔炼铸铁的主要设备,构造如图 2-57 所示,由炉体、火花捕集器、前炉、加料系统和送风系统五部分组成。冲天炉是利用对流换热原理实现金属熔炼的。熔炼时热炉气自下而上运动,冷炉料自上而下移动,两股逆向流动的物、气之间进行热量交换和冶金反应,最终将金属炉料熔炼成符合要求的液态金属。

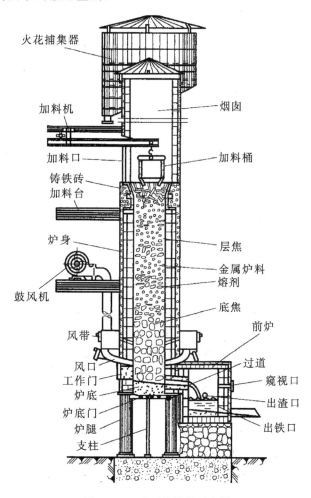

图 2-57 冲天炉结构示意图

冲天炉结构简单,操作方便,可连续熔炼,生产率高,成本低,但熔炼的铁水质量不如电炉好,劳动强度大、易造成环境污染。

2. 感应电炉熔炼

感应电炉应用日益广泛,其结构如图 2-58 所示,由坩埚、感应线圈和冷却装置构成。感应电炉是根据电磁感应和电流热效应原理,利用炉料内感应电流的热能熔化金属。感应线圈中通一定频率的交流电时,会产生高密度的磁力线,切割坩埚里的金属材料,使金属炉料内产生强大的涡流。涡流在炉料中产生的电阻热使炉料熔化。

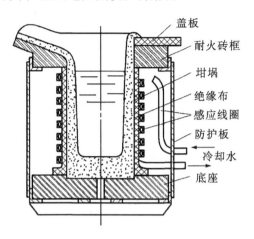

图 2-58　感应电炉结构示意图

感应电炉加热速度快,热效率高,温度可控,可熔炼各种铸造合金,合金液成分和温度均匀,铸件质量高;但耗电量大,去除硫、磷有害元素的能力差。

3. 坩埚炉熔炼

坩埚炉是利用传导和辐射原理,通过燃料(如焦炭、煤气等)燃烧或电热元件通电产生的热量加热坩埚,使炉内的金属炉料熔化。其中电阻坩埚炉主要用于铸铝合金熔炼,结构如图 2-59 所示。其优点是炉气中性,铝液不会强烈氧化,炉温易控制,操作较简单;缺点是熔炼时间长、温度较低、坩埚容量小,耗电量较大。

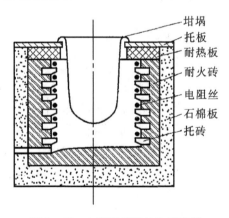

图 2-59　电阻坩埚炉结构示意图

2.5.3　浇注

把液态金属从浇包浇入铸型的操作称为浇注。浇注工艺不当会直接影响铸件质量和操作人员的安全。

1. 浇注前准备工作

(1)准备浇包。浇包种类如图2-60所示,一般中小件用端包、抬包,大件用吊包。浇包数量要足,使用前必须烘干预热,否则会降低熔液温度,而且还会引起熔液沸腾和飞溅。对使用过的浇包要清理残留金属液和熔渣,对烧损的浇包进行修补,使内表面光滑平整。

(2)整理场地。浇注时行走的通道应保持畅通,不能有杂物和积水。

(3)准备工具。检查浇注时常用的渣耙、挡渣棒、引火工具、搅棒等工具是否齐全、有无损坏,并烘干预热。

(4)防护检查。操作人员要穿戴好防护用具,以防被飞溅的金属液烫伤;与浇注操作无关人员应远离浇注现场,不得妨碍浇注作业。

(5)铸型检查。检查铸型的通气道是否通畅、浇口是否有杂物、铸型是否牢固等。

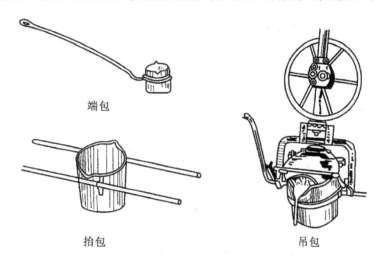

端包

抬包

吊包

图 2-60 各种浇包

2. 浇注要点

(1)浇包中的金属液不能太满,以免飞溅伤人。

(2)浇注时要对准浇口,以缓慢细流金属液注入,防止金属液飞溅,且熔液不可断流,以免铸件产生冷隔。

(3)应控制浇注温度。浇注温度与合金种类、铸件大小及壁厚有关。较高的浇注温度能保证金属液的流动性,利用夹杂物的上浮,可减少气孔和夹渣。但浇注温度过高,金属液的氧化严重、收缩量增加,易产生气孔、缩孔、裂纹及粘砂等缺陷。若浇注温度过低,金属液的流动性差,易产生浇不到、冷隔、气孔等缺陷。对铝合金铸件,浇注温度为700~750℃;对形状较复杂的薄壁灰铸铁件,浇注温度为1400℃左右;对形状简单的厚壁灰铸铁件,浇注温度可在1300℃左右;而对碳钢铸件浇注温度则为1520~1620℃。

(4)浇注速度应适中,太慢不易充满铸型,太快会冲刷砂型,也会使气体来不及逸出,使铸件内部产生气孔。

(5)浇注时应在出气孔和冒口附件点火引气,利于排出型腔和砂型(芯)中因受热而产生的气体,同时减少CO气体对人体产生的危害。

2.6 落砂、清理和铸件缺陷分析

2.6.1 落砂和清理

1. 落砂

用手工或机械方式将铸件和型砂、砂箱分开的操作称为落砂。落砂时要注意开箱时间。开箱太早,铸件温度过高,暴露于空气中急速冷却,易产生过硬的白口组织,造成机械加工困难,也会使铸件产生变形和开裂,并且铸件若未凝固易发生烫伤事故。但落砂过晚,将占用生产场地和砂箱过长时间,降低生产率。故应在保证铸件质量的前提下尽早落砂。一般铸件落砂温度在250~450℃之间。

2. 清理

清理是指落砂后从铸件上清除表面粘砂、多余金属并打磨精整铸件内外表面的过程。清理主要包括清除型砂、芯砂,切除浇冒口、飞翅,清除铸件粘砂和表面异物,铲磨毛刺、氧化皮,以及打磨精整铸件表面。

对于铸铁件应如图2-61所示,清除浇道及冒口多用锤头敲打,敲打浇道及冒口时不应正对他人,且应注意锤击方向,以免敲坏铸件。铸钢件因塑性很好,一般用气割清除浇道及冒口,而铝等有色金属则多用锯割方法除掉浇道及冒口。

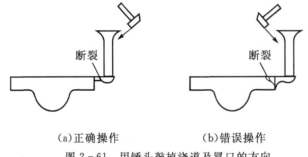

(a)正确操作   (b)错误操作

图2-61 用锤头敲掉浇道及冒口的方向

手工清理铸件表面一般用钢丝刷、风铲等工具进行,但劳动条件差,生产率低。在清理大批量铸件表面时,常用机械方法、物理方法或化学方法。机械方法是利用各种设备所产生的挤压力、冲击、剪切、研磨等力量清理铸件;物理方法则是利用电弧、等离子、激光、超声波和冲击波等清理铸件;化学方法是利用电解、氧化反应等清理铸件。铸件清理中常用的机械方法有以下两种。

(1)滚筒清理。如图2-62所示,将铸件和星铁一起装入滚筒中,当滚筒旋转时,铸件、星铁、废砂之间相互撞击、摩擦,清除铸件内、外型砂,打磨铸件表面,同时也能清除部分飞边毛刺。滚筒清理适用于形状简单、厚壁的中小型铸件。

(2)抛丸清理。高速运动的钢丸、铁丸、磨粒流具有较大的冲击力量,可以清除粘砂,打磨铸件表面。常用的抛丸清理设备有履带式抛丸清理机、抛丸清理转台等。履带式抛丸清理机清理效果好,但适用于清理质量小的铸件。如图2-63所示,将铸件装入抛丸机内,履带链板

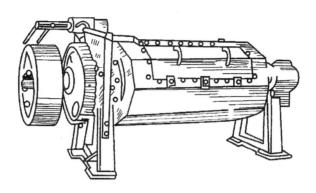

图 2-62 铸件清理滚筒

带动铸件翻滚,抛丸器将铁丸高速抛射到铸件表面上,可清除粘砂、细小飞翅及氧化皮等。抛丸清理转台如图 2-64 所示,铸件放在转台上,旋转时被抛丸器抛出的铁丸清理干净。该设备主要用于清理板件、易碰坏的薄壁件及大铸件。

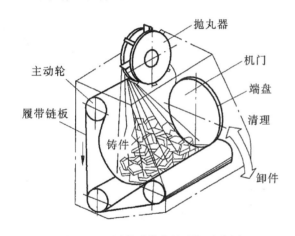

图 2-63 履带式抛丸清理机示意图

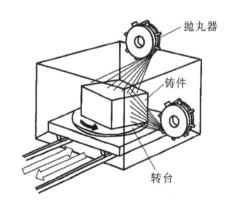

图 2-64 抛丸清理转台示意图

2.6.2 铸件质量和缺陷分析

1. 铸件质量要求

铸件外形要求完整光洁,尺寸形状符合要求,表面无气孔、缩孔、粘砂、夹砂、冷隔、裂纹、浇不到等缺陷,铸件内部要求组织致密,化学成分、力学性能符合要求。

2. 铸件缺陷分析

铸造工艺复杂,易产生各种缺陷。常见的铸件缺陷大多是在浇注和凝固冷却过程中产生的,主要与铸型设计、浇注温度、冷却时间、铸造工艺以及金属液物理化学特性等因素有关。常见铸件缺陷的特征及其产生的原因见表 2-5。

表 2 - 5　常见铸件缺陷的特征及产生原因

名称		特征	缺陷图例	产生原因
孔洞类	气孔	铸件内部出现的孔洞,常为梨形、圆形和椭圆形,孔的内壁较光滑	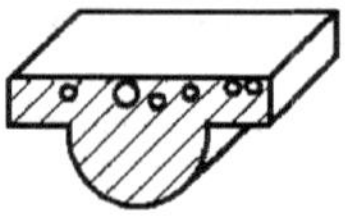	1. 砂型紧实度过高; 2. 型砂太湿,起模、修型时刷水过多; 3. 通气道堵塞; 4. 浇冒口设计不正确,气体排不出; 5. 浇注速度过快
	缩孔	铸件厚截面处出现的形状极不规则的孔洞,孔的内壁粗糙	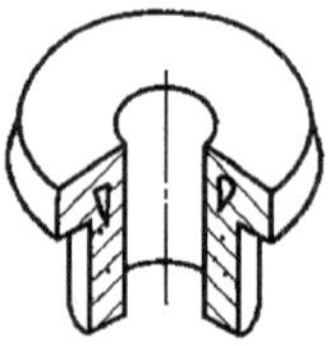	1. 浇冒口设置不合理,补缩不足; 2. 浇注温度过高,金属液态收缩过大; 3. 铸件中碳、硅含量低,其他合金元素含量高时易出现缩松; 4. 铸件设计不合理,壁厚相差太大
	缩松	铸件截面上出现细小而分散的许多缩孔		
	砂眼	铸件内部或表面带有砂粒的孔洞	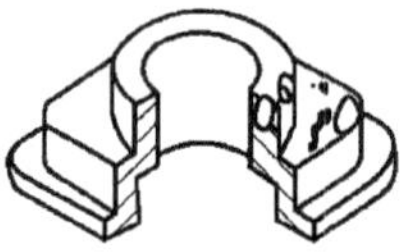	1. 型砂太干,韧性差,易掉砂; 2. 局部没舂紧,型腔、浇口内有散砂; 3. 合箱时砂型局部挤坏,导致掉砂; 4. 浇注系统不正确,冲坏砂型
	渣气孔	成群的充满熔渣的孔洞,位于铸件浇注时的上表面,常与气孔并存,大小不一		1. 浇注温度太低,熔渣不易上浮; 2. 浇注时没挡住熔渣; 3. 浇注系统不正确,挡渣作用差
表面缺陷类	机械粘砂	铸件表面黏附着一层砂粒和金属的机械混合物,使表面粗糙	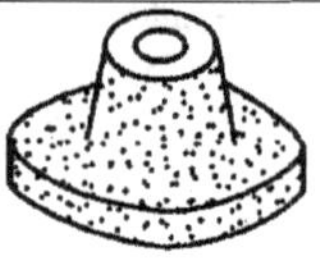	1. 砂型舂得太松,型腔表面不致密; 2. 浇注温度过高; 3. 砂粒过粗,砂粒间空隙过大
	夹砂	铸件表面有局部突出的长条疤痕,其边缘与铸件本体分离,并夹有一层型砂。多产生在大平板铸件的上型表面,见图中(a)	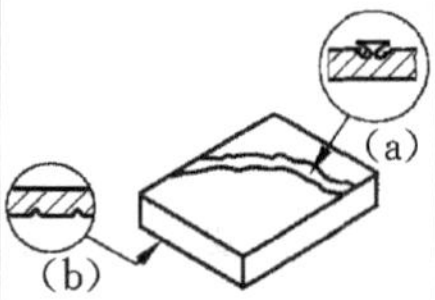 (a) (b)	1. 型砂的热湿强度较低,型腔表层受热后易鼓起或裂开; 2. 砂型局部紧实度过高、不均匀,易出现表层拱起; 3. 内浇口过于集中,使局部砂型烘烤厉害; 4. 浇注温度过高,型腔烘烤厉害; 5. 浇注速度过慢,铁水压不住拱起的表层型砂,易产生鼠尾
	鼠尾	在大平板铸件下型表面有浅条状凹槽或不规则折痕,见图中(b)		
裂纹类	热裂	铸件开裂,裂纹断面严重氧化,外形曲折而不规则	 裂纹	1. 砂型(芯)退让性差,阻碍铸件收缩而引起过大的内应力; 2. 浇注系统开设不当,阻碍铸件收缩; 3. 铸件设计不合理,薄厚差别大
	冷裂	裂纹断面不氧化并发亮,有时轻微氧化,呈连续直线状		

名称		特征	缺陷图例	产生原因
残缺类	冷隔	铸件上有未完全融合的缝隙,边缘呈圆角	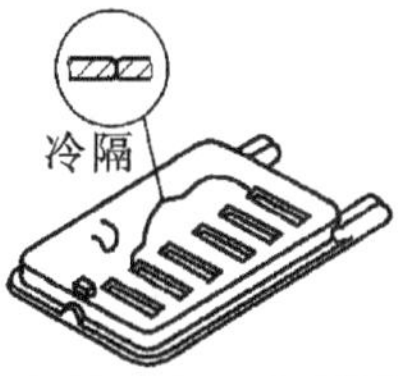 冷隔	1. 浇注温度过低; 2. 浇注速度过慢; 3. 内浇道截面尺寸过小,位置不当; 4. 远离浇口的铸件壁过薄
	浇不到	铸件残缺,或轮廓不完整,或形状完整但边角圆滑光亮,且浇注系统是充满的		1. 浇注温度过低; 2. 浇注速度过慢; 3. 内浇道截面尺寸和位置不当; 4. 未开出气口,金属液的流动受型内气体阻碍
形状差错类	偏芯	铸件内腔和相对应局部形状位置偏错	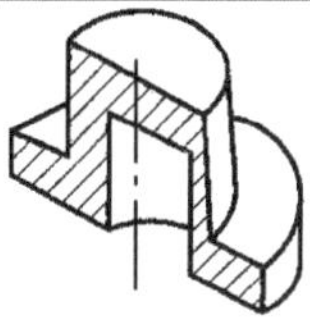	1. 砂芯变形; 2. 下芯时放偏; 3. 砂芯没固定好,浇注时被冲偏
	错箱	铸件的一部分与另一部分在分型面处相互错开	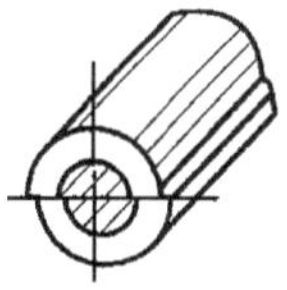	1. 合箱时上、下型错位; 2. 定位销或记号不准确; 3. 造型时上、下模有错动

2.7　砂型铸造工艺

铸造工艺是否合理直接影响铸件的生产质量。铸造工艺应根据零件图、技术要求、生产能力等要素来确定,包括选择合理的造型方法、确定正确的浇注位置和分型面、设计浇注系统、确定铸造工艺参数等。

2.7.1　铸件浇注位置的确定

浇注位置是指浇注时铸件在铸型中的空间位置。浇注位置的选择对铸件质量影响较大,应参考下列原则。

铸件的重要加工面应朝下或位于侧面。铸件上部凝固速度慢,易形成缩孔、缩松,而且气体、非金属杂质密度小,会在铸件上部形成砂眼、气孔、渣气孔等缺陷。而铸件下部的组织致密,缺陷少,质量明显优于上部。所以,应将铸件重要加工面朝下或放在侧面。如果无法避免在铸件上部出现重要加工面时,应适当加大加工余量。

如图 2－65 所示,有单一重要加工面的零件其重要加工面应朝下,以保证重要加工面的质量。而管筒类零件其重要加工面为外圆柱面,应采用立位浇注,如图 2－66 所示,其全部圆周表面位于侧面,以保证质量均匀一致。

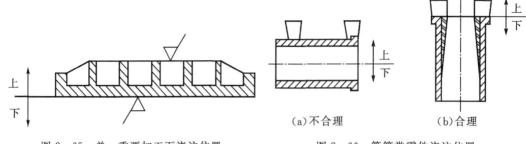

图 2-65　单一重要加工面浇注位置　　　　图 2-66　管筒类零件浇注位置

面积较大的薄壁部分应处于铸型的下部或处于垂直、倾斜位置。这样可增加液体的流动性，有利于金属液充满，避免铸件产生浇不到或冷隔缺陷。图 2-67 为箱盖铸件，应将薄壁部分位于铸型下部。

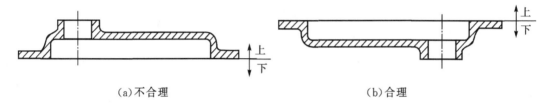

图 2-67　箱盖的浇注位置

易形成缩孔的铸件，应将截面较厚的部分放在分型面附近的上部或侧面，便于安放冒口，使铸件自下而上，朝冒口方向定向凝固，如图 2-68 所示。

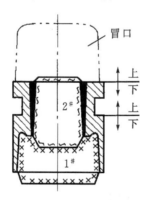

图 2-68　截面较厚部位浇注位置的确定

2.7.2　分型面的选择

分型面是指铸型组元间的接合面，对于两箱造型，是指上、下砂型间的分开面。分型面位置的选择会直接影响铸件尺寸精度及操作繁简程度，其主要依据是铸件的结构形状。用细实线表示分型面位置，箭头线和"上""下"两字表示上、下型位置。选择分型面时应注意以下原则。

①分型面应选择在最大截面处，以便于取模。

②应使铸型的分型面最少,简化造型过程,并减少因错型造成的铸件尺寸误差。

③应使铸件全部或大部分在同一砂型内,以减少错箱和提高铸件的精度。

2.7.3 浇注系统

1. 浇注系统的作用

浇注系统是为填充金属液而开设于铸型中的一系列通道,也叫浇口。浇注系统与铸件质量和生产效率有密切关系。生产中常因浇口设置不当而导致铸件缺陷,还使得造型和清理工作繁复,降低生产率。浇注系统通常由外浇道、直浇道、横浇道和内浇道组成。如图 2-69 所示为典型的浇注系统,在浇注过程中各部分作用如下。

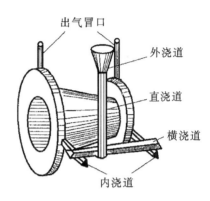

图 2-69 典型的浇注系统

(1)外浇道。外浇道也叫外浇口,作用是承受来自浇包的金属液,防止金属液飞溅,缓和金属液对铸型的冲击,使它平稳地流入直浇道,并使熔渣浮于上面。常用的外浇道有漏斗形和浇口盆两种形式。中小型铸件造型时将直浇道上部扩大成漏斗形外浇道,大铸件使用浇口盆形式。

(2)直浇道。直浇道是浇注系统中的垂直通道,通常是一个带有锥度的圆柱体。它的作用是将金属液从外浇道平稳地引入横浇道,并使金属液在重力作用下克服流动过程中的各种阻力,形成具有充型能力的静压力。

(3)横浇道。横浇道是连接直浇道和内浇道的水平通道,截面形状多为梯形。它的作用除向内浇道平稳、均匀地分配金属液外,还起到挡渣作用,使熔渣容易上浮而留在横浇道内,阻止夹杂物进入型腔。为了便于集渣,横浇道必须开在内浇道上面。

(4)内浇道。内浇道是引导液态金属进入型腔的通道,截面形状为梯形、三角形或月牙形,其作用是控制金属液的充型速度和方向,使之平稳地充填型腔,并调节铸型和铸件各部分的温差和冷凝顺序。

(5)冒口。为防止缩孔和缩松,往往在铸件最后凝固的部位(如顶部或厚实部位)设置冒口。冒口是指在铸型内特设的空腔及注入该空腔的金属液。冒口中的金属液可不断地补充铸件的收缩,从而使铸件避免出现孔洞。冒口除了补缩作用外,还起到以下作用:第一,能平稳地将金属液导入并充满型腔,防止金属液冲坏型砂和型芯;第二,能防止熔渣、杂质进入型腔;第三,调整铸件各部分的温度和凝固顺序。

2. 浇注系统的类型

浇注系统按内浇道的注入位置可分为顶注式浇注系统、压边式浇注系统、底注式浇注系统、阶梯式浇注系统和中间注入式浇注系统,如图 2-70 所示。

(1)顶注式浇注系统是熔融金属从铸型顶部引入型腔的浇注系统。其特点是容易充满,有一定的补缩作用,可减少浇不到、冷隔等缺陷,金属消耗少,但容易冲坏铸型并产生飞溅,适用于低矮、形状简单、薄壁及中等壁厚的铸件。

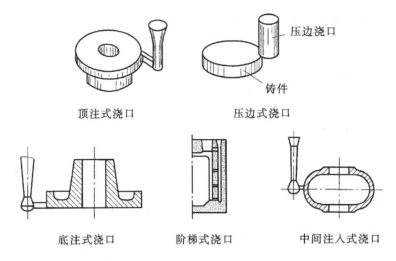

图 2-70 浇注系统的类型

(2)压边式浇注系统是顶注式浇注系统的特殊结构形式,是指浇口底面压在型腔边缘上所形成的缝隙式顶注式浇注系统。压边式浇注系统结构简单、节约金属、挡渣作用良好,主要用于中等厚壁铸铁件和有色合金铸件。

(3)底注式浇注系统是指熔融金属从铸型底部引入型腔的浇注系统。其特点是金属液流动平稳,不易冲坏型砂,型腔内气体易排出,但不易充满薄壁铸件,适用于高度不大、结构复杂的厚壁铸件。

(4)阶梯式浇注系统是指在铸件高度方向上开设若干内浇道,使金属液从底部逐层引入型腔的浇注系统。其特点是充型平稳、便于排气,铸件组织致密,但造型较复杂,适用于高大的铸件。

(5)中间注入式浇注系统是指型腔分布在上下腔内,内浇道开设在分型面上,使金属液由型腔中部引入的浇注系统。其特点是开设很方便,广泛适用于各种壁厚均匀的中小型、不很高、水平尺寸较大的铸件。

3. 内浇道的开设原则

内浇道设置对铸件质量有极大的影响,开设时应注意以下几点。

(1)一般不应开在铸件的重要部位(如重要的加工面)。因为内浇道附近的金属冷却慢,组织粗大,力学性能较差。

(2)金属液进入型腔时应顺着型腔壁流动,避免直接冲击砂芯或砂型的突出部位,如图2-71所示。

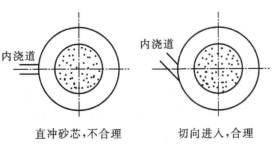

图 2-71 内浇道的设置

（3）内浇道不能开在直浇道的正下方，且开设方向至少和金属液流方向成直角，如图2-72所示，最好逆金属液流方向开设，以防杂质进入型腔。

较好　　　　　　　　　　最好　　　　　　　　　　不好

图 2-72　内浇道的开设方向
1—直浇道；2—横浇道；3—内浇道

（4）内浇道和铸型的接合处应带有缩颈，如图 2-73 所示。在敲断内浇道时，既不会从铸件处断裂，也不会使残留的内浇道过长。

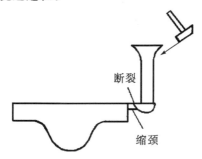

断裂

缩颈

图 2-73　内浇道端部应带缩颈

2.7.4　铸造工艺参数

在铸造工艺方案初步确定后，还必须选定机械加工余量、收缩余量等工艺参数。

1. 机械加工余量

加工余量是指为了保证铸件加工面尺寸和零件精度，在铸件上预留的并在机械加工时切去的金属层厚度。加工余量的选择应适当，加工余量过大，增大工作量，并浪费金属材料；加工余量过小，可能会导致铸件报废。一般情况下，铸钢件加工余量较大，非铁合金铸件加工余量较小；机器造型比手工造型的铸件加工余量小；浇注位置朝上的铸件表面的加工余量要比侧面和下表面大；零件上的非加工面，其铸件相应部分可不留加工余量。

2. 收缩余量

为保证铸件应有的尺寸、补偿铸件冷却后的收缩，模样比铸件图纸尺寸应增大的数值称为收缩余量。收缩余量的大小与铸件尺寸大小、结构的复杂程度及铸造合金的线收缩率有关。灰铸铁件线收缩率范围为 $0.8\%\sim1\%$，铸钢件收缩率范围为 $1.3\%\sim2.3\%$，铸造铝合金为 $1.0\%\sim1.6\%$。

3. 起模斜度

为了使模样易从铸型中取出或使型芯易于自芯盒中脱出，在垂直于分型面且没有结构斜度的模样壁或芯盒壁上都应设置一定的倾斜度，称为起模斜度。一般模样越高，斜度应越小；

木模样比金属模样斜度大；手工造型比机器造型的模样斜度大些。铸件外壁的起模斜度范围为1°～3°，而内壁的起模斜度范围为 3°～10°。对于形状简单、起模无困难的模样可不加设起模斜度。

4. 最小铸出孔槽

零件上铸出孔槽的最小尺寸应结合合金种类、生产批量、工艺性和生产经济性设定。一般说来，为了减少切削加工的工时并节约金属原料，较大的孔、槽应当铸出。而较小的孔、槽则不需铸出，铸出后用切削加工反而更经济。灰铸铁件最小铸出孔（毛坯孔径）推荐如下：单件、小批量生产为 30～50mm，成批生产时为 15～30 mm，大批量生产时为 12～15 mm。但对于零件图上不要求加工的孔、槽，不论尺寸大小，一般都应铸出来。

5. 铸造圆角

铸造圆角是将模样上相交面的交角处做成圆弧过渡。铸造圆角既可防止铸件边缘由于应力集中产生缩孔和裂纹，也使得金属液在型腔中缓和流动而不冲坏铸型。

2.7.5 铸造工艺图

铸造工艺图是在零件图上，以规定的符号表示各项铸造工艺内容的技术资料，是指导模样和铸型生产的基本工艺文件。单件、小批生产时，铸造工艺图用红蓝色线条画在零件图上。图 2-74 所示为滑动轴承座的零件图和铸造工艺图，图中分型面、分模面、活块、加工余量、起模斜度和浇冒口系统等用红线画出，不铸出的孔用红线打叉，铸造收缩率用红字注在零件图右下方，芯头边界和型芯剖面符号用蓝线画出。

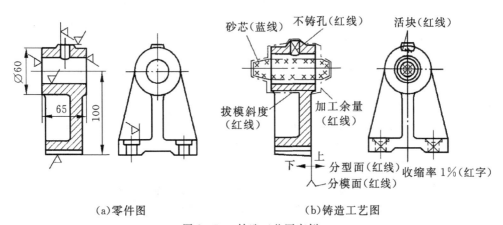

(a)零件图　　　　　　　(b)铸造工艺图

图 2-74　铸造工艺图实例

2.7.6 模样的结构特点

铸造工艺图确定后，铸件、模样、芯盒的形状尺寸即可确定。图 2-75 所示为滑动轴承座的铸件、木质模样和芯盒的结构。

与零件相比，铸件的各加工面有加工余量；垂直于分型面的加工面有起模斜度；铸件上三个小孔不铸出，如图 2-75(a)所示。

　　模样为整体模带一个活块和两个芯头,与铸件相比较,其特点是模样尺寸比铸件尺寸增加一个收缩余量。模样上对应于型芯的部位,应做出凸出的芯头(见图 2-75(b))。造型时砂芯通过芯头支撑在铸型中,保证砂芯在其自身重力和金属液浮力的作用下位置不变。

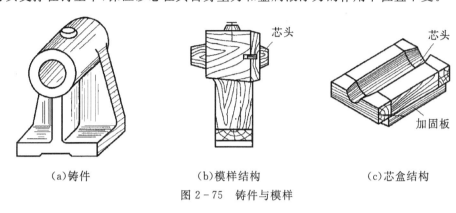

(a)铸件　　　　　　　　(b)模样结构　　　　　　　(c)芯盒结构

图 2-75　铸件与模样

2.8　特种铸造简介

　　特种铸造是除普通砂型铸造以外的其他铸造方法。以下是几种较常用的特种铸造方法。

2.8.1　金属型铸造

　　金属型铸造是在重力作用下把金属液浇入金属铸型而获得铸件的方法。金属型一般用铸铁或铸钢做成。金属型铸造过程为:预热金属型,喷耐火涂料后进行浇注,冷却后开型,取出铸件清理。如图 2-76 所示为垂直分型的金属型,由活动半型和固定半型两部分组成,设有定位装置与锁紧装置。

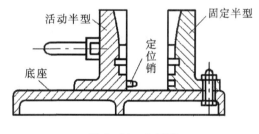

图 2-76　金属型

　　金属型铸造生产率高,易于实现机械化、自动化,铸型可以反复利用,铸件表面光洁,尺寸准确,组织致密,力学性能较好。由于不用或少用型砂,可以减少污染,改善劳动条件。但金属型成本高,加工费用大,且不宜生产形状复杂的铸件,铸件凝固时易产生裂纹和变形。金属型铸造常用于大批量生产有色金属铸件和铸铁件。

2.8.2　陶瓷型铸造

　　陶瓷型铸造是用由陶瓷浆料浇灌成形并喷烧而成的实体铸型或薄壳铸型浇注的精密铸造方法。可分为整体陶瓷铸型和复合式陶瓷铸型两种。整体陶瓷铸型铸型全部由陶瓷浆料灌注而成。成本高、透气性不好,仅用于制造各种陶瓷芯或砂型中的陶瓷镶块。复合陶瓷铸型是在铸型型腔表面使用一层薄薄的陶瓷浆料,其余部分铸型采用水玻璃砂底套和金属型底套。其工艺流程如图 2-77 所示。

陶瓷型生产的铸件尺寸精确、表面光洁,陶瓷铸型高温化学稳定性好,适用于各种合金,对铸件的重量和尺寸没有什么限制,可生产数百克到数吨的铸件。陶瓷型铸造特别适合生产各种合金的模具。

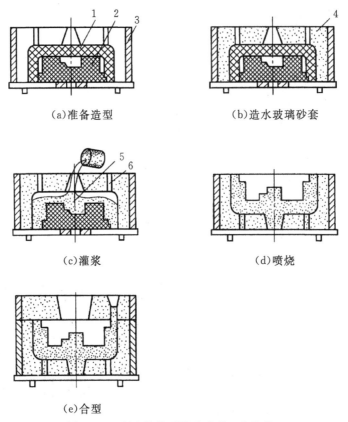

(a)准备造型　　　　　　　　(b)造水玻璃砂套

(c)灌浆　　　　　　　　(d)喷烧

(e)合型

图 2-77　复合陶瓷型铸造成形工艺流程

1—辅助母模;2—铸件母模;3—砂箱;4—水玻璃砂套;5—陶瓷灌浆;6—排气孔

▶ 2.8.3　压力铸造

压力铸造是在高压作用下,使液态或半液态金属以较高速度充填型腔,并在压力作用下成形和凝固而获得铸件的方法。铸型材料一般采用耐热合金钢。压力铸造的机器称为压铸机。压铸机的种类很多,目前应用较多的是卧式冷室压铸机。压力铸造过程如图 2-78 所示,先预热铸型,喷涂料后合型,注入金属液,如图 2-78(a)所示;高压射入金属液充满型腔,如图 2-78(b)所示;凝固后,打开铸型,顶出铸件,如图 2-78(c)所示。

压力铸造充填时间很短,一般为 0.01~0.2 s,生产效率很高,易于实现自动化生产。压力铸造属于精密铸造,压铸件在高压下凝固,组织致密,尺寸精确,表面光洁,其力学性能可比砂型铸件提高 20%~40%,并可铸出壁很薄、形状很复杂的铸件。但制造压铸铸型成本很高,且不适于压铸铸铁、铸钢等金属,铸件也不宜进行机械加工和热处理。压力铸造适用于有色合金的薄壁小件大批量生产。

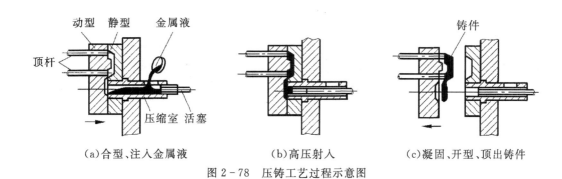

图 2-78　压铸工艺过程示意图

2.8.4　离心铸造

离心铸造是将金属液浇入旋转的铸型中,并在离心力作用下凝固成形的铸造方法。如图 2-79 所示,离心铸造一般使用立式离心铸造机或卧式离心铸造机,铸型多采用金属型,围绕相应的垂直轴或水平轴旋转。离心铸造过程是:将型腔清理干净,喷涂料后,开动机器,旋转铸型,浇入定量金属液,待一定时间后停止旋转,取出铸件。

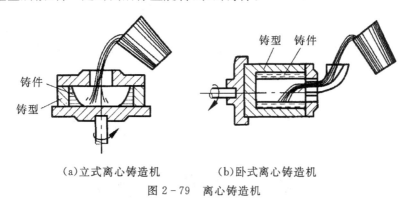

图 2-79　离心铸造机

由于离心力的作用,离心铸造可以生产薄壁铸件,且铸造圆形中空铸件时可不用型芯,提高了金属液的利用率。金属液凝固时也在离心力的作用下,使得组织细密,无气孔等缺陷,铸件的力学性能较好。但内孔尺寸不精确,非金属夹杂物较多,增加了内孔的加工余量。离心铸造适用于铸造套管类回转体铸件,也可用来铸造成型铸件。

2.8.5　熔模铸造

熔模铸造又称失蜡铸造,是用易熔材料(如石蜡、松香)制成模样,在模样表面包覆数层耐火材料,干燥固化后加热熔去模样,形成形状准确的中空型壳,再将型壳经过高温焙烧,然后进行浇注获得铸件的方法。

熔模铸造工艺过程如图 2-80 所示,先在压型中做出单个蜡模,再把单个蜡模焊到蜡质的浇注系统上形成蜡模组。在蜡模组上分层涂刷涂料及撒上石英砂,等其硬化结壳后熔化蜡模,得到中空的壳型。壳型经高温焙烧去掉杂质后可进行浇注,冷却后,将型壳打碎取出铸件。

熔模铸造属于精密铸造,其铸件精度高、表面光洁,适用于各种铸造合金。使用蜡模可铸出形状很复杂、难于机械加工的铸件,铸件上可铸出孔的最小直径可达 0.5 mm,最小壁厚可达

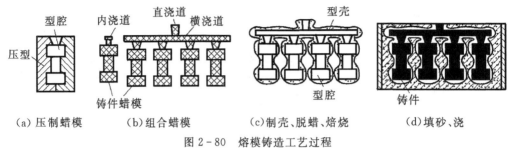

图 2-80 熔模铸造工艺过程

0.3 mm。但型壳强度有限,故不能用于生产大型铸件,而且熔模铸造的型壳属于一次性铸型,工艺过程复杂,生产成本高。熔模铸造广泛用于航空、电器、仪器和刀具制造等领域。

2.8.6 消失模铸造

消失模铸造是将高温金属液浇入有泡沫塑料模样在内的铸型内,模样受热逐渐燃烧气化,从铸型中消失,金属液逐渐取代型腔中模样所占的位置,从而获得铸件的方法。

消失模铸造工艺过程如图 2-81 所示。先制备 EPS(可发性聚苯乙烯)发泡珠粒,再填充至制模机通蒸汽加热至 120℃使珠粒再次发泡膨胀、充满模腔,形成模样,冷却后取出。将模样粘合为整体模样束后上涂料、烘干。将模样束放在砂箱内,加砂,并使干砂紧实。然后注入金属液,模样受热、燃烧气化而消失。原模样位置被金属液占据。待铸件凝固、冷却后倒出型砂,取出铸件切割、清理。

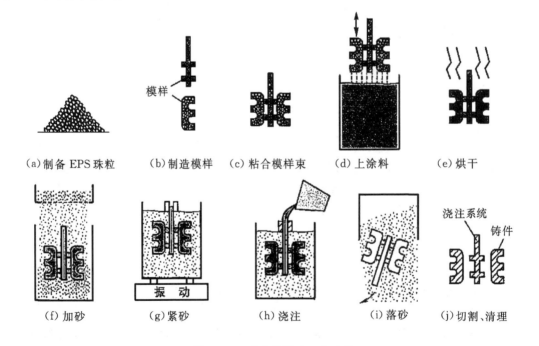

图 2-81 消失模铸造工艺过程

消失模铸造的优点是:模样不需要取出,缩短铸造生产周期;模样采用特制的 EPS 珠粒制成,降低成本;铸件质量好,无拔模、下芯、合型等工序,使铸件尺寸精度提高;铸型无分型面,不产生飞边、毛刺等缺陷,铸件外观光整,减少机械加工余量。但铸件易产生与泡沫塑料模有关的缺陷,如黑渣、皱纹、增碳、气孔等。而且泡沫塑料模气化形成的烟雾、气体对环境有一定的污染。消失模铸造应用范围广泛,对合金种类、铸件尺寸几乎没有限制,可制造压缩机缸体、大型机床床身、冲压和热锻模具等。

复习思考题

1. 铸造的生产特点是什么?
2. 常用铸铁的特点是什么?
3. 砂型铸造包括哪些主要工序?
4. 湿型砂是由哪些材料组成?各自的作用是什么?
5. 手工造型的操作顺序是什么?
6. 加强砂型排气的措施有哪些?
7. 什么情况适用整模造型?
8. 为什么机器造型只适用于两箱造型,且不宜使用活块?
9. 砂芯的作用是什么?
10. 芯盒有几种形式?制芯的一般过程是怎么样的?
11. 整模造型的特点是什么?
12. 机器造型有哪几种?其特点是什么?
13. 检验铸型时要注意什么?
14. 浇注前准备工作是什么?浇注时要注意什么?
15. 落砂时铸件温度过高有什么不好?
16. 什么是的浇注位置?选择浇注位置应注意什么?
17. 什么是分型面?分型面选择时应注意什么原则?
18. 浇注系统由哪几部分组成?各部分的作用是什么?
19. 开设内浇道时应注意什么?
20. 常用特种铸造有哪些?各有何优、缺点?
21. 浇注作业有哪些安全注意事项?

第3章 焊 接

3.1 学习要点与操作安全

3.1.1 学习要点

(1)了解焊接的基本概念、分类、特点和应用。

(2)重点掌握手工电弧焊的焊接工艺和操作方法。

(3)了解常见焊接缺陷和防止措施。

(4)熟悉气焊、气割、氩弧焊工艺的特点和应用。

3.1.2 操作安全

(1)焊接作业时必须按要求穿戴个人防护用具。

(2)焊接作业前要认真检查工作场地,周围 10 m 以内不应有易燃易爆物品。

(3)严禁焊接和气割有压力的容器和管道。

(4)应定期检查氧气瓶、乙炔瓶阀门及管道是否漏气。检查时只允许用肥皂水检漏,严禁用明火检漏。

(5)氧气瓶、乙炔气瓶必须直立使用,严禁躺卧使用。

(6)气焊(气割)炬点火时,喷嘴严禁对人。

(7)气焊(气割)炬不用时应立即熄火,不准在点燃状态随意放下离开。

(8)工作时,若发现气焊(气割)炬漏气或漏出的气体已经燃烧,应迅速关闭乙炔瓶、氧气瓶阀门及所有供气阀门,并熄火。

3.2 焊接概述

焊接是通过加热或加压,或两者并用,并且用或不用填充材料,使工件达到结合的一种永久性连接方法。焊接是金属加工的一种重要工艺,广泛应用于机械制造、船舶制造、石油化工、汽车制造、桥梁、锅炉、航空航天、原子能、电子电力、建筑等领域。

到目前为止,焊接的基本方法分为三大类,即熔焊、压焊和钎焊,具体方法有 20 多种,基本焊接方法如图 3-1 所示。熔焊、压焊和钎焊三种基本焊接方法的特点及应用见表 3-1。

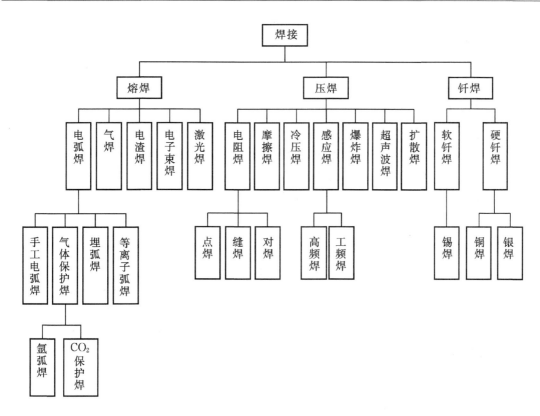

图 3-1 常用焊接方法分类

表 3-1 熔焊、压焊和钎焊三种基本焊接方法的特点及应用

焊接方法	原理	特点及应用
熔焊	将待焊处的母材加热至熔化状态,加入(或不加入)填充金属,不加压完成焊接	焊件间的结合为原子结合,焊接接头的力学性能较高,生产率高;缺点是会产生应力,变形较大。是工业生产中应用最广泛的焊接工艺方法
压焊	必须对焊件施加压力(加热或不加热),以完成焊接	焊接接头的力学性能较熔焊稍差,适合于小型金属件的加工,焊接变形极小,机械化、自动化程度高
钎焊	采用比母材熔点低的金属材料作为钎料,将焊件和钎料加热到高于钎料熔点,但低于母材熔点的温度,利用液态钎料润湿母材,填充接头间隙并与母材相互扩散,以实现连接焊件	焊接时加热温度低,工件不熔化,焊后接头附近母材的组织和性能变化不大,压力和变形较小,接头平整光滑。焊件尺寸容易保证,同时也可焊接异种金属。钎焊的主要缺点是接头强度低,焊前对被焊处的清洁和装配工件要求较高,残余溶剂有腐蚀作用,焊后必须仔细清洗。目前,广泛应用在机械、仪表仪器、航空技术等领域

3.3 焊条电弧焊

3.3.1 电弧焊原理

焊条电弧焊原理和过程如图 3-2 所示,焊机电源两输出端通过电缆、焊钳和地线夹头分别与焊条和被焊零件相连。焊接过程中,产生在焊条和零件之间的电弧将焊条和零件局部熔化,受电弧力作用,焊条端部熔化后的熔滴过渡到母材,和熔化的母材融合在一起形成熔池,随着焊工操纵电弧向前移动,熔池金属液逐渐冷却结晶,形成焊缝。

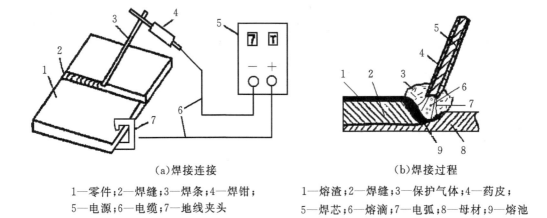

(a)焊接连接

1—零件;2—焊缝;3—焊条;4—焊钳;
5—电源;6—电缆;7—地线夹头

(b)焊接过程

1—熔渣;2—焊缝;3—保护气体;4—药皮;
5—焊芯;6—熔滴;7—电弧;8—母材;9—熔池

图 3-2 焊条电弧焊原理和过程

焊条电弧焊使用设备简单,适应性强,可用于焊接板厚 1.5 mm 以上的各种焊接结构件,并能灵活应用在空间位置不规则焊缝的焊接,适用于碳钢、低合金钢、不锈钢、铜及铜合金等金属材料的焊接。由于手工操作,焊条电弧焊也存在缺点,如生产效率低,产品质量一定程度上取决于焊工操作技术,劳动强度大等。多用于焊接单件、小批量产品和难以实现自动化加工的焊缝。

3.3.2 焊条电弧焊设备及工具

每种焊接方法都需要配用一定的焊接设备。焊接设备的电源功率、设备的复杂程度、成本等都直接影响到焊接生产的经济效益,因此焊接设备也是选择焊接方法时必须考虑的重要因素。

1. 焊条电弧焊对焊机的要求

为了使焊条电弧焊在焊接过程中电弧燃烧稳定,不发生断弧,焊条电弧焊用焊机应具备下列基本条件:

(1)要求焊机能承受焊接回路短时间的持续短路,限制短路电流值,使之不超过焊接电流的 50%,防止焊机因短路过热而烧坏。

（2）具有良好的动态特性。短路时,电弧电压等于零,要求恢复到工作电压的时间不超过0.05 s。

（3）具有足够的电流调节范围和功率。

2. 弧焊电源

电弧焊机的主要组成部分是弧焊电源,它是为焊接电弧供给电能的装置。材料、结构不同的工件,需要采用不同的电弧焊工艺方法,而不同的电弧焊工艺方法则需用不同的电弧焊机。例如,操作方便、应用最为广泛的焊条电弧焊,需要手工弧焊机;锅炉、化工、造船等工业需要埋弧焊机;焊接化学性活泼的金属需要气体保护电弧焊机;焊接高熔点金属则需要等离子弧焊机。因此,各种电弧焊工艺方法所需的弧焊电源应能够满足电弧焊的电气特性。弧焊电源电气性能的优劣,在很大程度上决定电弧焊机焊接过程的稳定性。

1）弧焊电源的种类

弧焊电源种类很多,其分类方法也不尽相同。按弧焊电源输出的焊接电流波形将弧焊电源分为交流弧焊电源、脉冲弧焊电源和直流弧焊电源三种类型。每种类型的弧焊电源根据其结构特点不同又可分为多种形式,如图 3-3 所示。

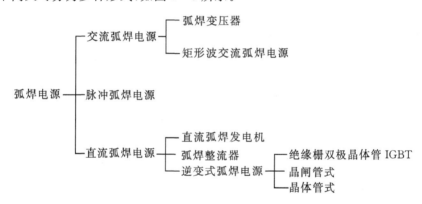

图 3-3　弧焊电源的种类

2）常见弧焊电源的特点和用途

（1）交流弧焊电源。交流弧焊电源包括弧焊变压器、矩形波交流弧焊电源两种。

①弧焊变压器即工频交流弧焊电源,是把电网的交流电变成适合于电弧焊的低电压交流电,它由变压器、电抗器等组成。弧焊变压器实际上是一种特殊的降压变压器。它将 220 V 或 380 V 的电源电压降到 60～80 V(弧焊机的空载电压)以满足引弧的需要。焊接时电压会自动下降到电弧正常工作所需的电压(30～40 V)。输出电流从几十安到几百安,可根据需要调节电流的大小。弧焊变压器具有结构简单、易造易修、成本低、空载损耗小、噪声小等优点,但其输出电流波形为正弦波,因此,电弧稳定性较差,功率因数低,一般用于焊条电弧焊、埋弧焊和钨极惰性气体保护电弧焊等方法。

②矩形波交流弧焊电源是利用半导体控制技术来获得矩形交流电流的电源。由于输出电流过零点时间短,电弧稳定性好,正负半波通电时间和电流比值可以自由调节,适合于铝及铝合金钨极氩弧焊。

（2）脉冲弧焊电源。脉冲弧焊电源的焊接电流以低频调制脉冲方式馈送,一般由普通的弧焊电源与脉冲发生电路组成。它具有效率高、输入线能量较小、线能量调节范围宽等优点,主要用于气体保护电弧焊和离子弧焊。

(3)直流弧焊电源。

①直流弧焊发电机。直流弧焊发电机一般由特种直流发电机、调节装置和指示装置等组成。电动机带动发电机旋转,输出满足焊接要求的直流电。按驱动动力的不同,直流弧焊发电机可分为两种:直流弧焊电动发电机(以电动机驱动并与发电机组成一体)和直流弧焊柴油发电机(以柴油驱动并与发电机组成一体)。它与弧焊整流器相比,制造比较复杂,噪声及空载损耗大,效率低,价格高;但其抗过载能力强,输出脉冲小,受电网电压波动的影响小,一般用于碱性焊条电弧焊。

②弧焊整流器。弧焊整流器是通过整流器把交流电转变为直流电的装置,是由变压器、整流器、调节装置及指示装置等组成。它用于直流弧焊电源焊接时,由于正极和负极上的热量不同,可以分为正接和负接两种方法。把焊条接负极,称为正接法;反之称为负接法。焊接厚板时,一般采用直流正接法,这时电弧中的热量大部分集中在焊件上,有利于加快焊件熔化,保证足够的熔深。焊接薄板时,为了防止烧穿,常采用反接法。

弧焊整流器既弥补了交流电焊机电弧稳定性不好的缺点,又有比一般的直流弧焊发电机制造方便、价格低、空载损耗小、噪声小等优点。而且大多数弧焊整流器可以远距离调节焊接工艺参数,能自动补偿电网电压波动对输出电压和电流的影响。弧焊整流器一般可以作为各种弧焊方法的电源。

③逆变式弧焊电源。逆变式弧焊电源把单相(或三相)交流电经整流后,由逆变器转变为几百至几万赫兹的中频交流电,降压后输出交流或直流电。整个过程由电子电路控制,使电源获得符合要求的动特性和外特性。它具有高效节能、重量轻、体积小、功率因数高等优点,可应用于各种弧焊方法。逆变式弧焊电源既可以输出交流电,又可以输出直流电。

3. 焊条电弧焊的工具

进行焊条电弧焊所需的工具有焊钳、绝缘手套、防护面罩、清渣锤和钢丝刷等。焊钳用来夹持焊条和传导电流,常用焊钳如图 3-4(a)所示;防护面罩是用来遮挡焊接时产生的弧光和飞溅的金属,保护操作人员的脸部和眼睛,常用面罩如图 3-4(b)所示;绝缘手套用来保护操作者手臂免于被飞溅的高温金属烫伤,同时也有电气绝缘防触电作用;清渣锤和钢丝刷用来清除焊后形成的渣壳,并对焊缝进行清洁。

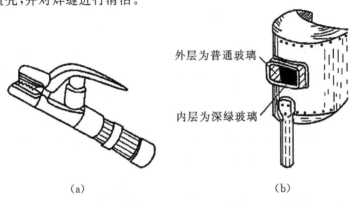

外层为普通玻璃

内层为深绿玻璃

(a)　　　　　　　　　　　(b)

图 3-4　焊钳和面罩

▶ 3.3.3 焊条

焊条电弧焊所用的焊条,一般由金属焊芯和药皮两部分组成,如图 3-5 所示。

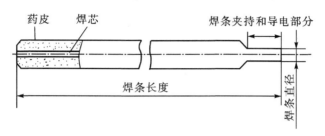

图 3-5 焊条

1. 焊芯

焊芯一般是一个具有一定长度及直径的金属丝。焊接时,焊芯有两个功能:①传导焊接电流,产生电弧;②焊芯本身熔化作为填充金属与熔化的母材熔合形成焊缝。焊芯通常为含碳、硫、磷较低的专用焊丝。目前我国常用的碳素结构钢焊芯牌号有:H08、H08A、H08MnA 等。焊条规格用焊芯直径代表,焊条长度根据焊条种类和规格,有多种尺寸,见表 3-2。

表 3-2 焊条规格

焊条直径 d/mm	焊条长度 L/mm			焊条直径 d/mm	焊条长度 L/mm		
2.0	250	300	——	4.0	350	400	450
2.5	250	300	——	5.0	400	450	700
3.2	350	400	450	5.8	400	450	700

2. 药皮

药皮由多种矿石粉和铁合金粉等组成,用水玻璃调和包敷于焊芯表面,其作用有以下几个方面:

(1)稳定电弧。药皮中含有钾、钠等元素,能在较低电压下电离,既容易引弧又稳定电弧。

(2)机械保护。药皮在电弧高温下熔化,产生气体和熔渣,隔离空气,减少了氧和氮对熔池的侵入。

(3)冶金处理。药皮中含有锰铁、硅铁等铁合金,在焊接冶金过程中起脱氧、去硫和渗合金等作用。

3. 焊条种类

焊条按用途分类有:碳钢焊条、低合金钢焊条、不锈钢焊条、铸铁焊条、堆焊焊条、镍合金焊条、铜和铜合金焊条、铝和铝合金焊条等。焊条按熔渣性质分为酸性焊条和碱性焊条两种。酸性焊条的熔渣以酸性氧化物为主,碱性焊条的熔渣以碱性氧化物为主。

酸性焊条电弧稳定,焊缝成形美观,焊条的工艺性能好,可用交流或直流电源施焊,但焊接接头的冲击韧度较低,多用于普通碳钢和低合金钢的焊接;碱性焊条多为低氢焊条,所得焊缝冲击韧度高,力学性能好,但电弧稳定性比酸性焊条差,要采用直流电源施焊,反极性接法,多用于重要的结构钢、合金钢的焊接。

碳钢焊条型号按熔敷金属的抗拉强度、药皮类型、焊接位置和焊接电流种类进行划分。其表示方法以英文字母"E"后面加四位数字表示,具体编制方法如下:

字母"E"——表示焊条;

前两位数——表示焊缝金属获得的最低抗拉强度;

第三位数——表示焊条的焊接位置,"0"及"1"表示全位置焊接,"2"表示平焊及平角焊,"4"表示向下立焊;

第三位和第四组合——表示焊接电流种类及药皮类型。

常用碳钢焊条的新旧牌号对照情况见表 3-3。

表 3-3　常用碳钢焊条

型号	原牌号	药皮类型	焊接位置	电流种类
E4322	J424	氧化铁型	平焊	交流或直流
E4303	J422	钛钙型	全位置焊接	交流或直流
E5015	J507	低氢钠型	全位置焊接	直流反接
E5016	J506	低氢钾型	全位置焊接	交流或直流

3.3.4　焊接接头形式、坡口形状和焊接位置

1. 接头形式

焊接接头是指用焊接的方法连接的接头,它由焊缝、熔合区、热影响区及其邻近的母材组成。

根据焊件厚度和工作条件不同,需要采用不同的焊接接头形式。常用的焊接接头形式有:对接、搭接、角接和丁字接,如图 3-6 所示。其中对接接头受力比较均匀,是最常用的一种焊接接头形式,重要的受力焊缝应尽量选用。

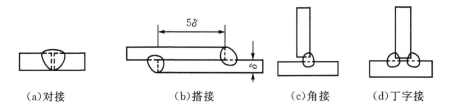

(a)对接　　　　　(b)搭接　　　　(c)角接　　　(d)丁字接

图 3-6　常见的焊接接头形式

2. 坡口形状

当焊件较薄时(<6 mm),在焊件接头处只要留有一定的间隙就可保证焊透;当厚度$\geqslant 6$ mm时,为焊透和减少母材熔入熔池中的相对数量,根据设计和工艺要求,在焊件的待焊部位应加工成一定几何形状的沟槽,这种沟槽称为坡口,坡口各部分名称如图 3-7 所示。为了防止烧穿,常在坡口根部留有 2~3 mm 直边,称为钝边。为保证钝边焊透也需留有根部间隙。

常见对接接头的坡口形状如图 3-8 所示;施焊时,对 I 形坡口、Y 形坡口和带钝边 U 形坡口可根据实际情况,采用单面焊和双面焊,如图 3-9 所示;但对双 V 形坡口施焊时,必须采用双面焊。

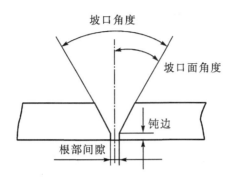

图 3-7　坡口各部分名称

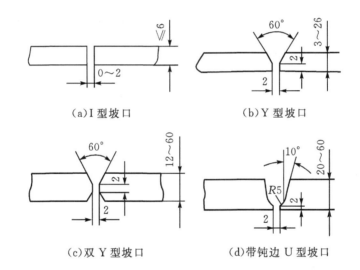

（a）I 型坡口　　　　　　　　　　　　　（b）Y 型坡口

（c）双 Y 型坡口　　　　　　　　　（d）带钝边 U 型坡口

图 3-8　对接接头的坡口形状

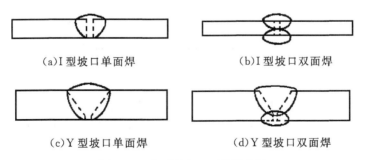

（a）I 型坡口单面焊　　　　　　　　　（b）I 型坡口双面焊

（c）Y 型坡口单面焊　　　　　　　　　（d）Y 型坡口双面焊

图 3-9　单面焊和双面焊示意图

焊件较厚时,为了焊满坡口,要采用多层焊或多层多道焊如图 3-10 所示。

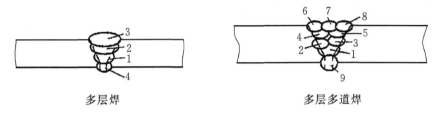

多层焊   多层多道焊

图 3-10 对接接头型坡口的多层焊

3. 焊接位置

按焊缝在空间位置的不同,可分为平焊、横焊、立焊和仰焊,如图 3-11 所示。平焊操作方便,劳动强度低,生产率高,焊缝成型条件好,容易保证焊缝质量,是理想的操作空间位置,应尽量采用;横焊、立焊次之;仰焊最差。

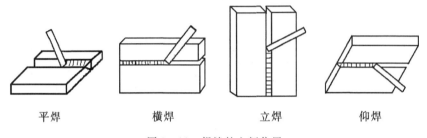

平焊   横焊   立焊   仰焊

图 3-11 焊缝的空间位置

▶ 3.3.5 焊接基本工艺参数

1. 焊条直径

根据焊件厚度、接头形式、焊接位置以及焊接层数的不同,应合理选择焊条直径。一般来说,焊厚焊件时用粗焊条,焊薄焊件时用细焊条;进行立焊、横焊和仰焊时,焊条直径应比平焊时细些,焊条直径的选择见表 3-4。

表 3-4 焊条直径选择参考

焊件厚度/mm	<2	2～3	4～6	6～12	>12
焊条直径/mm	1.6～2.0	2.5～3.2	3.2～4.0	4.0～5.0	5.0～6.0

2. 焊接电流

选择焊接电流应主要考虑焊条直径、焊接位置和焊道层次等因素。首先应保证焊接质量,其次应尽量采用较大电流。一般来说,细焊条选小电流,粗焊条选大电流。焊接低碳钢焊件时,焊接电流大小的经验公式如下:

$$I = (30 \sim 60)d$$

式中,I 为焊接电流(A),d 为焊条直径(mm)。

3. 电弧电压

电弧电压由电弧长度决定。电弧长则电弧电压高,反之则低。焊条电弧焊时的电弧长度是指焊芯熔化端到焊接熔池表面的距离。若电弧过长,电弧飘摆、燃烧不稳定、熔深减小、熔宽加大,并且容易产生焊接缺陷。若电弧太短,熔滴过渡时可能经常发生短路,使操作困难。正常的电弧长度应小于或等于焊条直径,即所谓短弧焊。

4. 焊接速度

焊接速度是指单位时间内焊接电弧沿焊缝移动的距离。焊条电弧焊时,一般不规定焊接速度,而由焊工凭经验掌握。

5. 焊接层数

厚板焊接时,常采用多层焊或多层多道焊。相同厚度的焊板,增加焊接层数,能提高焊缝金属的塑性和韧性。但会引起焊接变形增大,生产效率下降。层数过少,每层焊缝厚度过大,接头性能变差。一般每层焊缝厚度以不大于 4～5 mm 为好。

3.3.6 焊接基本操作

1. 焊前准备

焊前准备包括焊条烘干、焊前工件表面的清理、工件的组装以及预热。对于刚性不大的低碳钢和强度级别较低的低合金高强度钢结构,一般不必预热。但对钢性大的或焊接性差的容易裂的结构,焊前需要预热。

2. 引弧

焊接开始时,引燃焊接电弧的过程叫引弧。引弧时,首先将焊条末端与焊件表面接触形成短路,然后迅速将焊条向上提起 2～4 mm 的距离,电弧即可引燃。引弧方法有敲击法和划擦法两种,如图 3-12 所示。

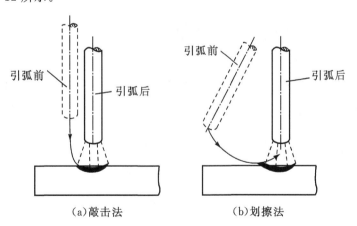

（a）敲击法　　　（b）划擦法

图 3-12　引弧方法

引弧操作时应注意以下几点:

（1）焊条轻轻敲击或划擦后要迅速提起,否则易黏住焊件,产生短路。若发生黏条,可将焊条左右摇动后拉开。若拉不开,则要松开焊钳,待焊条冷却后再处理。

（2）焊条不能提得过高,否则会灭弧。

（3）如果焊条与焊件接触多次不能引弧,应将焊条在焊件上重击几下,清除端部绝缘物质

（氧化铁、药皮等），以便再次起弧。

3. 运条

焊接过程中，焊条相对焊缝所做的各种动作的总称叫运条。电弧引燃后运条时，焊条末端有三个基本动作（如图 3-13 所示），要互相配合，即焊条沿着轴线向熔池送进、焊条沿着焊接方向移动、焊条作横向摆动，这三个动作组成焊条有规则的运动。

运条的方法有很多，如图 3-14 焊工可以根据焊接接头形式、焊接位置、焊条规格、焊接电流和操作熟练程度等因素合理地选择各种运条方法。

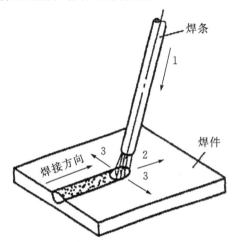

图 3-13　运条基本动作
1—向下送进；2—沿焊接方向移动；3—横向摆动

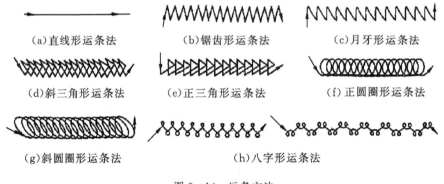

（a）直线形运条法　　（b）锯齿形运条法　　（c）月牙形运条法

（d）斜三角形运条法　（e）正三角形运条法　（f）正圆圈形运条法

（g）斜圆圈形运条法　　　　（h）八字形运条法

图 3-14　运条方法

在平焊位置的焊件表面上堆焊焊道称为堆平焊波，这是焊条电弧焊最基本的操作。初学者练习时，关键是要掌握好焊条角度（如图 3-15 所示）和运条基本动作，保持合适的电弧长度和均匀的焊接速度。

4. 收尾

焊缝收尾时，为防止尾坑的出现，焊条应停止向前移动。可采用划圈收尾法、后移收尾法等，自下而上地慢慢拉断电弧，以保证焊缝尾部成形良好，如图 3-16 所示。

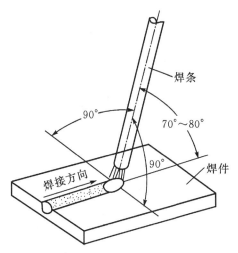

图 3-15　平焊的焊条角度

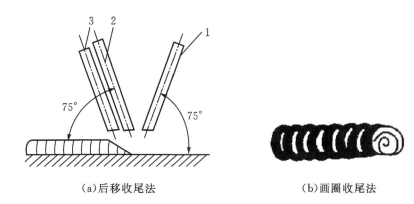

（a）后移收尾法　　　　　　　　　（b）画圈收尾法

图 3-16　焊缝收尾示意图

3.4　气焊与气割

气焊和气割是利用气体火焰热量进行金属焊接和切割的方法,在金属结构件的生产中被大量应用。

3.4.1　基本原理

气焊和气割所使用的气体火焰是由可燃性气体和助燃气体混合燃烧而形成,根据其用途,气体火焰的性质有所不同。

1. 气焊及其应用

气焊是利用气体火焰加热并熔化母体材料和焊丝的焊接方法。与电弧焊相比,其优点如下:

(1)气焊不需要电源,设备简单。

(2)气体火焰温度比较低,熔池容易控制,易实现单面焊双面成型,并可以焊接很薄的零件。

(3)在焊接铸铁、铝及铝合金、铜及铜合金时焊缝质量好。

气焊也存在热量分散,接头变形大,不易自动化,生产效率低,焊缝组织粗大,性能较差等缺点。

气焊常用于薄板的低碳钢、低合金钢、不锈钢的对接、端接,在熔点较低的铜、铝及其合金的焊接中仍有应用,焊接需要预热和缓冷的工具钢、铸铁也比较适合。

2. 气割

气割是利用气体火焰将金属加热到燃点,由高压氧气流使金属燃烧成熔渣且被排开以实现零件切割的方法。气割工艺是一个金属加热—燃烧—吹除的循环过程。

气割的金属必须满足下列条件:

(1)金属的燃点低于熔点。

(2)金属燃烧放出较多的热量,且本身导热性较差。

(3)金属氧化物的熔点低于金属的熔点。

完全满足这些条件的金属有纯铁、低碳钢、低合金钢、中碳钢,而其他常用金属如高碳钢、铸铁、不锈钢、铜、铝及其合金一般不能进行气割。

3. 气体火焰

气焊和气割用于加热及燃烧金属的气体火焰是由可燃性气体和助燃性气体混合燃烧而形成。助燃气体使用氧气,可燃性气体种类很多,最常用的是乙炔和液化石油气。

乙炔的分子式为 C_2H_2,在常温和 1 个标准大气压(1 atm=101.325 kPa)下为无色气体,能溶解于水、丙酮等液体,属于易燃易爆危险气体,其火焰温度为 3200 ℃,工业用乙炔主要由水分解电石得到。

液化石油气主要成分是丙烷(C_3H_8)和丁烷(C_4H_{10}),价格比乙炔低且安全,但用于切割时需要较大的耗氧量。

气焊主要采用氧-乙炔火焰,在两者的混合比不同时,可得到以下三种不同性质的火焰,如表 3-5 所示。

表 3-5　三种火焰的特性与应用

火焰	O_2/C_2H_2	特点	应用	简图
中性焰	1.0~1.2	气体燃烧充分,故被广泛应用	低碳钢、中碳钢、合金钢、铜和铝等合金	焰心 内焰 外焰
碳化焰	<1.0	乙炔燃烧不完全,对焊件有增碳作用	高碳钢、铸铁、硬质合金等	
氧化焰	>1.2	火焰燃烧时有多余氧,对熔池有氧化作用	黄铜	

3.4.2　气焊工艺与基本操作技术

1. 气焊设备

气焊设备包括氧气瓶、氧气减压器、乙炔发生器(或乙炔瓶和乙炔减压器)、回火防止器、焊炬和气管组,如图 3-17 所示。

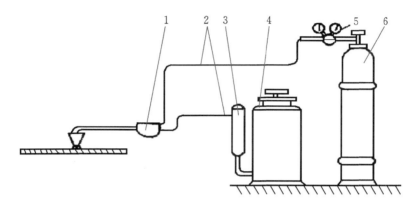

图 3-17　气焊设备的组成

1—焊炬;2—橡胶管;3—回火保险器;4—乙炔发生器;5—减压器;6—氧气瓶

(1)氧气瓶。储存和运输高压氧气的容器,一般容量为 40 L,额定工作压力是 15 MPa。

(2)减压器。用于将气瓶中的高压氧气或乙炔气降低到工作所需要的低压,并能保证在气焊过程中气体压力基本稳定。

(3)乙炔发生器和乙炔瓶。乙炔发生器是使水与电石进行化学反应产生一定压力的乙炔气体的装置。我国主要应用的中压式(0.045~0.15 MPa)乙炔发生器,结构形式有排水式和联合式两种。

乙炔瓶是储存和运输乙炔的容器,其外表涂白色漆,并用红漆标注"乙炔"字样。瓶内装有浸透丙酮的多孔性填料,使乙炔得以安全而稳定地储存于瓶中,多孔性填料通常由活性炭、木屑、浮石和硅藻土合制而成。乙炔瓶额定工作压力是 1.5 MPa,一般容量为 40 L。

(4)回火防止器。在气焊或气割过程中,当气体压力不足、焊嘴堵塞、焊嘴太热或焊嘴离焊件太近时,会发生火焰沿着焊嘴回烧到输气管的现象,被称为回火。回火防止器是防止火焰向输气管路或气源回烧而引起爆炸的一种保险装置。它有水封式和干式两种,如图 3-18 所示为水封式回火防止器。

(5)焊炬。其功用是将氧气和乙炔按一定比例混合,以确定的速度由焊嘴喷出,进行燃烧以形成具有一定能率和性质稳定的焊接火焰。按乙炔气进入混合室的方式不同,焊炬可分成射吸式和等压式两种。最常用的是射吸式焊炬,其构造如图 3-19 所示。工作时,氧气从喷嘴以很高速度射入射吸管,将低压乙炔吸入射吸管,使两者在混合管充分混合后,由焊嘴喷出,点燃即成焊接火焰。

(6)气管。氧气橡皮管为黑色,内径为 8 mm,工作压力是 1.5 MPa;乙炔橡皮管为红色,内径为 10 mm,工作压力是 0.5 MPa 或 1.0 MPa。橡皮管长一般在 10~15 m 范围内。

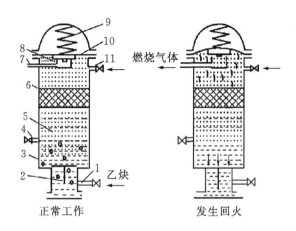

图 3 - 18　水封式回火防止器

1—进气口；2—单向阀；3—筒体；4—水位阀；5—挡板；6—过滤器；7—放气阀；
8—放气活门；9—弹簧；10—橡皮膜；11—出气口

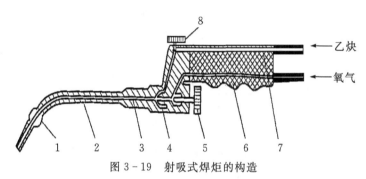

图 3 - 19　射吸式焊炬的构造

1—焊嘴；2—混合管；3—射吸管；4—喷嘴；5—氧气阀；6—氧气导管；7—乙炔导管；8—乙炔阀

2. 焊丝和气焊熔剂

1）焊丝

气焊的焊丝作为填充金属，与熔化的母材一起形成焊缝。焊丝的化学成分与母材相匹配。焊接低碳钢时，常用的焊丝牌号有 H08 和 H08A 等。焊丝的直径范围一般在 2～4 mm 内，应根据焊件厚度来选择。为了保证焊接接头质量，焊丝直径与焊件厚度不宜相差太大。

2）焊剂

气焊焊剂是气焊时的助熔剂，其作用是去除焊接过程中形成的氧化物，改善母材的湿润性等。气焊低碳钢时，由于气体火焰能充分保护焊接区，一般不需使用气焊熔剂。但在气焊铸铁、不锈钢、耐热钢和非铁金属时，必须使用气焊熔剂。

3. 气焊工艺规范

气焊工艺规范包括火焰性质、火焰能率、焊嘴的倾斜度、焊接速度、焊丝直径等。

（1）火焰性质。根据被焊零件的材料来确定，见 3.4.1 节气体火焰。

（2）火焰能率。主要根据单位时间乙炔消耗量来确定。在焊件较厚、零件材料熔点高、导热性好、焊缝为平焊位置时，应采用较大的火焰能率，以保证焊件熔透，提高劳动生产率。焊炬规格、焊嘴号的选择、氧气压力的调节根据火焰能率调整。

(3)焊嘴的倾斜角度。指焊嘴与零件之间的夹角。焊嘴倾角要根据焊件的厚度、焊嘴的大小及焊接位置等因素决定。在焊接厚度大、熔点高的材料时,焊嘴倾角要大些,以使火焰集中、升温快;反之在焊接厚度小、熔点低的材料时,焊嘴倾角要小些,防止焊穿。

(4)焊接速度。焊速过快易造成焊缝熔合不良、未焊透等缺陷;焊速过慢则易产生过热、焊穿等问题。焊接速度应根据零件厚度,在适当选择能率的前提下,通过观察和判断熔池的熔化程度来掌握。

(5)焊丝直径。主要根据零件厚度确定,见表3-6。

表 3-6 焊丝直径的选择

零件厚度/mm	焊丝直径/mm	零件厚度/mm	焊丝直径/mm
1~2	1~2 或不加焊丝	5~10	3.2~4
2~3	2~3	10~15	4~5
3~5	3~3.2		

4. 气焊基本操作

1)点火、调节火焰与灭火

点火时,先微开氧气阀,再打开乙炔阀,随后点燃火焰。这时的火焰是碳化焰。然后,逐渐开大氧气阀,将碳化焰调整到所需的火焰。同时,按需要把火焰大小也调整合适。

灭火时,应先关乙炔阀,后关氧气阀,以防止火焰倒流和产生烟灰。当发生回火时,应迅速关闭氧气阀,然后再关乙炔阀。

2)平焊操作

平焊时,通常右手握焊炬,左手捏焊丝,左、右手相互配合,沿焊缝向左或向右焊接。正常操作时,焊丝和焊炬的倾角如图3-20所示。

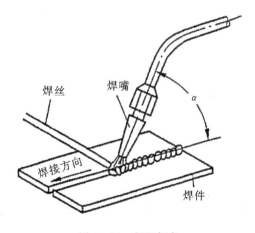

图 3-20 焊炬倾角

平焊的操作要点如下:

(1)注意焊嘴的倾斜角度。操作时,除保持焊嘴和焊丝的垂直投影与焊缝重合外,还须掌握焊嘴与焊缝夹角在焊接中的变化；焊接开始阶段，为了迅速加热工件，尽快形成熔池，倾角应大些（80°～90°）；焊接正常阶段，倾角应保持在 40°～50°之间，在焊接较厚工件时，还可以适当加大角度；焊接结尾阶段，为了更好地填满尾部焊坑，避免烧穿，倾角应减少（可降至 20°）。

（2）注意加热温度。用中性焰焊接时，应利用距焰心 2～4 mm 处的内焰加热焊件。气焊开始时，应将焊件局部加热到熔化后再加焊丝。加焊丝时，要把焊丝端插入熔池，使其熔化形成共同的熔池。焊接过程中，要控制熔池温度，避免熔池下塌。

（3）注意焊接速度。气焊时，焊炬沿焊接方向移动的速度应保证焊件熔化并保持熔池有一定的大小。

3.4.3 气割基本操作技术

气割操作过程中割嘴与工件应保持合适的角度。具体操作要求如下：

（1）割嘴对切口左右两边必须保持垂直，如图 3－21(a)所示。

（2）割嘴在切割方向上与工件之间的夹角随工件厚度而变化。切割 5 mm 以下钢板时，割嘴应向切割方向后倾 20°～50°，如图 3－21(b)所示；切割厚度在 5～30 mm 的钢板时，割嘴可始终保持与工件垂直，如图 3－21(c)所示；切割 30 mm 以上的厚钢板时，开始朝切割方向前倾 5°～10°，结尾时也是倾斜 5°～10°，中间切割过程中保持割嘴与工件垂直，如图 3－21(d)所示。

（3）割嘴离工件表面的距离应始终使预热的焰心端部距工件 3～5 mm。

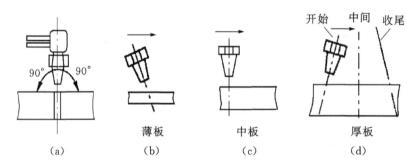

图 3－21　割炬与工件之间的角度

3.5　其他焊接方法

3.5.1　气体保护焊

用外加气体作为电弧介质保护电弧和焊接区的电弧焊称为气体保护焊，气体保护焊分为惰性气体保护焊和二氧化碳气体保护焊。惰性气体保护焊中使用最普遍的是氩弧焊。

1. 氩弧焊

氩弧焊是利用氩气（惰性气体）作为保护介质，将高温熔焊区与周围空气隔绝，防止空气中的活泼气体对焊缝金属产生不良影响的一种焊接方法。按电极不同分为熔化极氩弧焊和钨极（非熔化极）氩弧焊两种。氩弧焊焊接过程如图 3－22 所示。

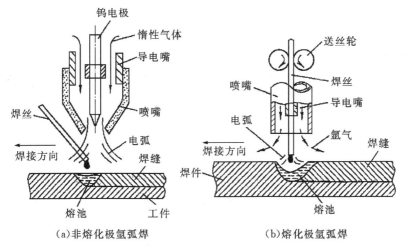

图 3 - 22　氩弧焊焊接过程

氩气属于惰性气体,它既不与金属起化学反应,也不溶于液态金属。在氩弧焊焊接时,氩气包围着电弧和焊接熔池,使电弧燃烧稳定,飞溅小,焊缝致密,表面无熔渣,成形美观。由于电弧在气流压缩下燃烧,热量集中、熔池小、焊接速度快、焊接热影响区窄、工件焊后变形小,易于实现全位置自动焊接。由于氩气价格较高,氩弧焊目前主要用于焊接易氧化的铜、铝、钛及其合金,也用于锆、钼、钽等稀有金属和不锈钢及耐热钢的焊接,以及用于重要的低合金结构钢工件。

2. 二氧化碳气体保护焊

二氧化碳气体保护焊简称 CO_2 焊,是利用 CO_2 作为保护气体的电弧焊。采用可熔化的焊丝做电极,有自动和半自动焊接两种方式。

CO_2 焊适用于低碳钢和普通低合金钢的焊接。由于 CO_2 是一种氧化性气体,焊接过程中会使部分金属元素氧化烧损,所以它不适用于焊接高合金和有色金属。CO_2 焊采用廉价的 CO_2 气体进行焊接,生产成本低;电流密度大,生产率高;焊接薄板时,比气焊速度快,变形小;操作灵活,适宜于进行各种位置的焊接;但焊接过程飞溅大,焊接成形性差,焊接设备也比焊条电弧焊机复杂。因此,广泛用于车辆、船舶及农业机械焊接。

3.5.2　埋弧焊

埋弧焊是电弧在焊剂层下燃烧以进行焊接的方法,电弧的引燃、焊丝的送进和电弧沿焊缝的移动,都是由设备自动完成的。埋弧焊的焊接过程如图 3 - 23 所示。

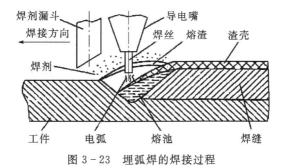

图 3 - 23　埋弧焊的焊接过程

埋弧焊保护效果好,没有飞溅,冶金反应充分,性能稳定,成形美观;其焊接电流大,热量集中,热损失少,焊缝熔深大,焊接速度快,中小工件可不开坡口,能节省填充金属和电能;生产效率比焊条电弧焊要提高5~10倍,而且改善了劳动条件,减少弧光和有害气体对人身的危害。因此,埋弧焊适用于大批量生产。但埋弧焊只适用在水平位置上对长焊缝或大直径环焊缝的焊接,对气孔的敏感性大,不适合焊接厚度小于1 mm的薄板,以及铝、钛等氧化性强的金属和合金。

3.5.3 电阻焊

电阻焊是将零件组合通过电极施加压力,利用电流通过零件的接触面及临近区域产生的电阻热将其加热到熔化或塑性状态,使之形成金属结合的方法。根据接头形式电阻焊可分成点焊、缝焊、凸焊和对焊四种,如图3-24所示。

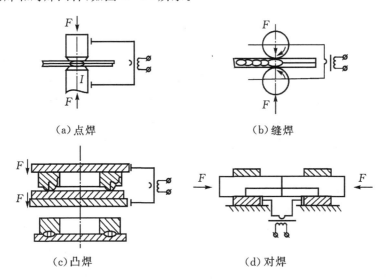

(a)点焊　　　　　　　　　　　(b)缝焊

(c)凸焊　　　　　　　　　　　(d)对焊

图3-24　电阻焊基本方法

电阻焊焊接低碳钢、普通低合金钢、不锈钢、钛及合金材料时可以获得优良的焊接接头。电阻焊目前广泛应用于汽车拖拉机、航空航天、电子技术、家用电器、轻工业等行业。

与其他焊接方法相比,电阻焊具有以下优点:

(1)不需要填充金属,冶金过程简单,焊接应力及应变小,接头质量高。

(2)操作简单,易实现机械化和自动化,生产效率高。

其缺点是接头质量难以用无损检测方法检验,焊接设备较复杂,一次性投资较高。

1. 点焊

点焊方法如图3-24(a)所示,点焊时将零件装配成搭接形式,用电极将零件夹紧并通以电流,在电阻热作用下,电极之间零件接触处被加热熔化形成焊点。零件的连接可以由多个焊点实现。点焊大量应用于小于3 mm不要求气密的薄板冲压件、轧制件接头,如汽车车身焊装、电器箱板组焊。一个点焊过程主要由预压—焊接—维持—休止四个阶段组成,如图3-25(a)所示。

2. 缝焊

缝焊工作原理与点焊相同,但用滚轮电极代替了点焊的圆柱状电极,滚轮电极施压于零件并旋转,使零件相对运动,在连续或断续通电下,形成一个个熔核相互重叠的密封焊缝,如图3-24(b)所示。其焊接循环如图3-25(b)所示。缝焊一般应用在有密封性要求的接头制造上,适用材料板厚为0.1~2 mm,如汽车油箱、暖气片、罐头盒的生产。

3. 凸焊

凸焊是在一焊件接触面上预先加工出一个或多个突起点,在电极加压下与另一个零件接触,通电加热后突起点被压塌,形成焊接点的电阻焊方法如图3-24(c)所示,突起点可以是凸点、凸环或环形锐边等形式。凸焊焊接循环如图3-25(c)所示,凸焊主要应用于低碳钢、低合金钢冲压件的焊接,另外螺母与板焊接、线材交叉焊也多采用凸焊的方法及原理。

4. 对焊

对焊方法主要用于断面小于 250 mm² 的丝材、棒材、板条和厚壁管材的连接,其工作原理如图3-24(d)所示。对焊时将两零件端部相对放置,加压使其端面紧密接触,通电后利用电阻热加热零件接触面至塑性状态,然后迅速施加大的顶锻力完成焊接。电阻对焊焊接循环如图3-25(d)所示,特点是在焊接后期施加了比预压大的顶锻力。

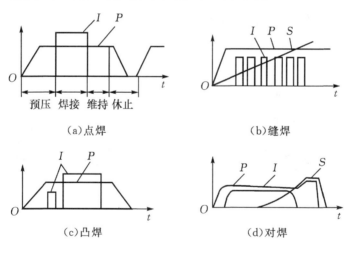

图 3-25 电阻焊接循环
I— 电流;P— 压力;S— 位移

3.5.4 钎焊

钎焊是采用熔点比母材熔点低的金属材料作为钎料,将焊件和钎料加热到高于钎料熔点、低于母材熔点的温度,利用液态钎料润湿母材,填充接头间隙,并与母材相互扩散实现连接焊件的方法。

按钎料熔点不同,钎焊分为硬钎焊和软钎焊两类。钎料熔点高于 450℃ 的钎焊称为硬钎焊。常用的硬钎料有铜基钎料和银基钎料等;钎料熔点低于 450℃ 的钎焊称为软钎焊,常用的软钎料有锡铅钎料和锡锌钎料等。

钎焊时,一般要用钎剂。钎剂能去除钎料和母材表面的氧化物,保护母材连接表面和钎料在钎焊过程中不被氧化,并改善钎料的润湿性(钎焊时液钎料对母材浸润和附着的能力)。硬钎焊时,常用的钎剂有硼砂、硼砂与硼酸的混合物等;软钎焊时,常用钎剂有松香、氯化锌溶液等。

按钎焊时采用的热源不同,钎焊方法可以分为:烙铁钎焊、火焰钎焊、浸沾钎焊(包括盐浴钎焊和金属浴钎焊)、电阻钎焊、感应钎焊和炉中钎焊等。

与熔焊相比,钎焊加热温度低,焊接变形小,容易保证焊件的尺寸精度;某些钎焊方法可以一次焊成多条钎缝或多个焊件,生产率高;可以焊接同种或异种金属,也可焊接金属与非金属。但是,钎焊接头强度较低,耐热能力较差,焊前准备工作要求较高。钎焊广泛用于制造硬质合金刀具、钻探钻头、散热器、自行车架、仪器仪表、电真空器件、导线、电机、电器部件等。

3.5.5 摩擦焊

摩擦焊是利用焊件表面相互摩擦所产生的热,使端面达到热塑性状态,然后迅速施加顶锻力,在压力作用下完成焊接的压焊方法。

1. 摩擦焊焊接过程

摩擦焊焊接过程如图 3-26 所示。先把两工件同心地安装在焊机夹紧装置中,回转夹具作高速旋转,非回转夹具做轴向移动,使两工件端面相互接触,并施加一定轴向压力,依靠接触面强烈摩擦产生的热量把该表面金属迅速加热到塑性状态。当达到要求的变形量后,利用刹车装置使焊件停止旋转,同时对接头施加较大压力进行顶锻,使两焊件产生塑性变形而焊接起来。

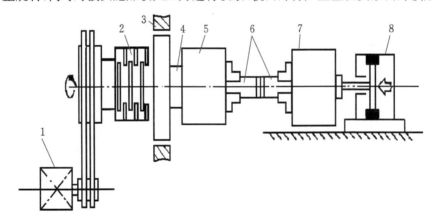

图 3-26 摩擦焊示意图

1—电动机;2—离合器;3—制动器;4—主轴;5—回转夹具;6—焊件;7—非回转夹具;8—轴向加压油缸

2. 摩擦焊的特点及应用

(1)接头质量好且稳定。摩擦焊温度一般都低于焊件金属的熔点,热影响区很小,接头在顶锻压力下产生塑性变形和再结晶,因此组织致密;同时摩擦表面层的杂质(如氧化膜、吸附层等)随变形层和高温区金属一起被破碎清除,接头不易产生气孔、夹渣等缺陷。另外,摩擦面紧密接触,能避免金属氧化,不需再加保护措施。所以,摩擦焊接头质量好,且质量稳定。

(2)焊接生产率高。由于摩擦焊操作简单,焊接时不需添加其他焊接材料,因此,操作容易实现自动控制,生产率高。

（3）可焊材料种类广泛。摩擦焊可焊接的金属范围较广，除用于焊接普通黑色金属和有色金属材料外，还适于焊接在常温下力学性能和物理性能差别很大，不适合熔焊的特种材料和异种材料。

（4）经济效益好。摩擦焊设备简单（可用车床改装），电能消耗少（只有闪光对焊的 1/15～1/10），焊前对焊件不需作特殊清理，焊接时不需外加填充材料进行保护，因此经济效益好。

（5）焊件尺寸精度高。由于摩擦焊接过程及焊接参数容易实现自动控制，因此焊件尺寸精度高。

（6）生产条件好。摩擦焊无火花、弧光及尘毒，工作场地卫生，工人操作方便，劳动强度低。

摩擦焊接头一般是等断面的，也可以是不等断面的，但需要有一个焊件为圆形或筒形（见图 3-27）。摩擦焊广泛应用于圆形工件、棒料及管子对接，加工范围为实心焊件直径为 2～100 mm 以上，管子外径可达数百毫米。

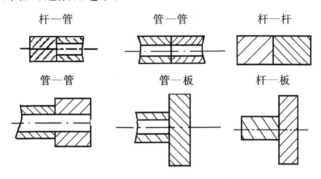

图 3-27　磨擦焊接头形式

3.5.6　电子束焊与激光焊

1. 电子束焊

电子束焊是以会聚的高速电子束轰击零件接缝处产生的热能进行焊接的方法。电子束焊接如图 3-28 所示，阴极在加热后发射电子，在强电场的作用下加速从阴极向阳极运动，通常在发射极到阳极之间加 30～150 kV 的高电压，电子以很高速度穿过阳极孔，并在磁偏转线圈会聚作用下聚焦于零件，电子束动能转换成热能后，使零件熔化焊接。为了减小电子束流的散射及能量损失，电子枪内要保持 10^{-2} Pa 以上的真空度。

电子束焊按被焊零件所处环境的真空度可分成三种，即真空电子束焊（10^{-4}～10^{-1} Pa）、低真空电子束焊（10^{-1}～25 Pa）和非真空电子束焊（不设真空室）。

电子束焊与电弧焊相比，其主要特点是：

（1）功率密度大，可达 10^6～10^9 W/cm^2。焊缝熔深大、熔宽小，既可以进行很薄材料（0.1 mm）的精密焊接，又可以用在很厚（厚达 300 mm）构件焊接。

（2）焊缝金属纯度高，所有用其他焊接方法能进行熔化焊的金属及合金都可以用电子束焊接。还能用于异种金属、易氧化金属及难熔金属的焊接。

（3）设备昂贵，零件接头加工与装配要求高，另外，焊接时要对操作人员加以保护，避免受到 X 射线伤害。电子束焊已广泛应用于汽车制造中的齿轮组合体、飞机起落架、核工业反应堆壳体等。

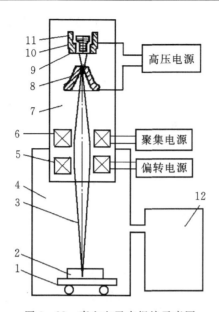

图 3-28 真空电子束焊接示意图

1—焊接台；2—焊件；3—电子束；4—真空室；5—偏转线圈；6—聚焦线圈；7—电子枪；

8—阳极；9—聚束极；10—阴极；11—灯丝；12—真空系统

2. 激光焊

激光焊是利用大功率激光束为热源进行焊接的方法。激光的产生是利用了原子受激辐射的原理，当粒子（原子、分子等）吸收外来能量时，从低能级跃升至高能级，此时若受到外来一定频率的光子的激励，又跃迁到相应的低能级，同时发出一个和外来光子完全相同的光子。如果利用装置（激光器）使这种受激辐射产生的光子去激励其他粒子，将导致光放大作用，产生更多的光子，在聚光器的作用下，最终形成一束单色的、方向一致和亮度极高的激光输出。再通过光学聚焦系统，可以使焦点上的激光能量密度达到 $10^6 \sim 10^{12}$ W/cm^2，然后以此激光用于焊接。激光焊接装置如图 3-29 所示。

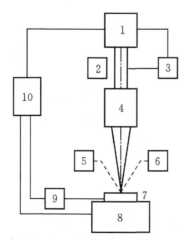

图 3-29 激光焊接装置示意图

1—激光发生器；2—激光光束器；3—信号器；4—光学系统；5—观测瞄准系统；

6—辅助能源；7—焊件；8—工作台；9—控制系统；10—控制系统

激光焊和电子束焊同属高能束焊范畴,与一般焊接方法相比有以下优点:

(1)激光功率密度高,加热范围小(＜1 mm),焊接速度高,焊接应力和变形小。

(2)可以焊接一般焊接方法难以焊接的材料,实现异种金属的焊接,甚至用于一些非金属材料的焊接。

(3)激光可以通过光学系统在空间传播相当长距离而衰减很小,能进行远距离施焊或难接近部位焊接。

(4)相对电子束焊而言,激光焊不需要真空室,激光不受电磁场的影响。

激光焊的缺点是焊机价格较贵,激光的电光转换效率低,焊前零件加工和装配要求高,焊接厚度比电子束焊低。

激光焊应用在很多机械加工作业中,如电子器件的壳体和管线的焊接、仪器仪表零件的连接、金属薄板对接、集成电路中的金属箔焊接等。

3.6 焊接变形与焊接缺陷

3.6.1 焊接变形

金属结构内部由于焊接时不均匀的加热和冷却所产生的内应力叫焊接应力。由于焊接应力造成的变形叫焊接变形。在焊接过程中,不均匀的加热和冷却后,焊缝就产生不同程度的收缩和内应力(纵向和横向),造成了焊接结构的各种变形,如图 3－30 所示。对于已经产生焊接变形的构件,可通过机械矫正或火焰矫正来校正变形。

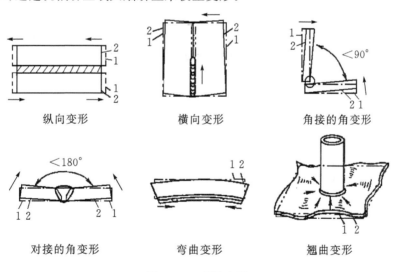

纵向变形	横向变形	角接的角变形
对接的角变形	弯曲变形	翘曲变形

图 3－30　焊接变形

3.6.2 常见焊接缺陷

焊接过程中,由于各种原因,焊接接头因结构或工艺问题而形成缺陷,因此减小了焊缝有效承载面积,直接影响焊接结构的安全。常见焊接缺陷分析见表 3－7。

表 3-7　常见焊接缺陷分析

缺陷名称	图例	特征及危害	产生原因
尺寸和外形不符合要求		焊波粗劣,焊缝宽度不均,高低不平;焊缝余高过高或过低 　危害:减少焊缝截面积,降低接头承载能力	①焊接电流过大或过小,焊接速度不当; ②焊件坡口选择不当或装配间隙不均匀
咬边		工件和焊缝交界处,在工件一侧上产生凹槽 　危害:降低接头强度及承载能力,易产生应力集中,形成裂纹	①焊接电流过大,焊接速度太快; ②焊条角度和电弧长度不当、运条不当
气孔		熔池中有过多的 H_2、N_2 及产生的 CO 气体,凝固时来不及逸出,形成气孔 　危害:减少焊缝截面积,降低接头致密性,减小接头承载能力和疲劳强度	①焊接电流过小,焊接速度太快,焊缝金属凝固太快; ②焊前清洗不当,有水、铁锈或油污; ③电弧太长,保护不好,大气侵入; ④焊条药皮受潮或焊接材料化学成分不当
夹渣		焊后残留在焊缝金属中的宏观非金属夹杂物 　危害:减少焊缝截面积,降低接头强度和冲击韧度	①工件表面、边缘及多层焊道之间清理不干净; ②焊接电流过小,焊接速度过快,焊缝金属凝固过快; ③运条不当; ④焊接材料化学成分不当
未焊透		母材与母材之间,或母材与溶敷金属之间尚未熔合,如根部、边缘及层间未焊透 　危害:易造成应力集中,产生裂纹,影响接头强度及疲劳强度	①焊接电流过小,焊接速度太快; ②工件制备和装配不当,如坡口太小、钝边太厚、间隙太小等; ③焊条角度不对
焊瘤		熔焊时熔化金属流淌到焊缝以外未熔合的母材上形成金属瘤 　危害:影响焊缝美观,应形成尖角,产生应力集中	坡口尺寸小,电压过小

缺陷名称	图例	特征及危害	产生原因
烧穿	烧穿	熔焊时熔化金属自焊缝背面流出形成穿孔 危害:减少焊缝有效面积,降低接头承载能力	电流过大,焊接速度过小,坡口尺寸过大
裂纹	裂纹	在焊接过程中或焊接完成后,在焊接接头区域内所出现的金属局部破裂现象 危害:减少焊缝截面积,降低接头强度和冲击韧度	①焊接材料化学成分不当; ②熔池金属中含有较多的硫、磷杂质; ③焊前清洗不当,焊条没有烘干; ④焊缝金属冷却凝固太快; ⑤焊接结构设计不合理,焊接顺序不当

复习思考题

1. 填空题

(1)焊接的基本方法分为三大类,即_____焊、_____焊和_____焊。

(2)焊条电弧焊有两种引弧方式:_____法和_____法。

(3)根据焊接接头的构造形式不同,可分为对接接头、_____接头、_____接头、_____接头和卷边接头等五种类型。

2. 判断题

(1)电弧焊应用广泛,可以焊接板厚从 0.1 mm 以下到数百厘米的金属结构件,在焊接领域占有十分重要的地位。(　　)

(2)焊缝在空间的位置除平焊外,还有立焊、横焊和仰焊。(　　)

3. 选择题

以下几种材料中可以使用气割的是(　　)。

A. 纯铁　　　　B. 铸铁　　　　C. 低碳钢　　　　D. 低合金钢　　　　E. 铜

4. 简述题

(1)如何引弧? 运条时有哪三个基本动作?

(2)焊条由哪两部分组成? 各有何作用?

(3)如何选择焊条?

(4)焊接最基本的接头形式有哪些? 焊接坡口的作用是什么?

(5)说出三种常见焊接缺陷以及各自产生的原因?

(6)气焊火焰有哪几种? 有何区别?

(7)电弧焊有哪几种焊接方法？

(8)简述焊接电流，焊接速度过大或过小，对焊缝的余高、熔深和熔宽的影响。

(9)手工气割操作应注意哪些事项？

(10)如何考虑气焊的焊接规范？

第4章 锻 压

4.1 学习要点与操作安全

4.1.1 学习要点

(1)了解锻压的分类、成形的特点与应用。

(2)了解锻造材料的加热目的及碳钢的锻造温度范围。

(3)熟悉锻件的冷却方法及选择。

(4)掌握自由锻的基本工序,能够初步制定简单锻件锻造工序。

4.1.2 操作安全

(1)工作开始前,必须检查所用的工具是否正常,钳口应能稳固地夹持工件,锤柄应牢固,铁砧应无裂痕,风门应无堵塞等。

(2)指导人员操作示范时,实习学生应站在离锻打处一定距离的安全位置上,示范切断工件时,不可站在金属切断时飞出的方向。

(3)不准用大锤或手锤对着铁砧的工作面猛烈敲击,以免铁锤反跳造成事故。

(4)加热后的坯料或工件不得乱抛,禁止直接用手拿未彻底冷却的坯料,以免烫伤。

(5)学生进行机锻操作时应得到指导人员的允许,必须有指导人员指导才能进行机锻操作。

(6)禁止锻打"过烧"或加热温度不足及冷却了的坯料,禁止用锻锤切断未加热的坯料。

(7)绝对禁止直接用手移动放置在砧面上的工件、模具,手和头也应绝对避免靠近铁锤的运动区。

(8)锻锤砧面上的氧化皮应随时清除,清除时不准用嘴吹或手抹。

(9)使用空气锤时,禁止两人同时操作,以免动作不一致造成事故。

(10)锻锤开始锻击时,不可强打,砧上没有坯料时不可打空锤;停用时,锻锤和砧面间应用木块垫好。

(11)实习完毕,应关闭加热炉电源,整理工具,清扫场地。

4.2 锻压加工概述

锻压是锻造和冲压的总称。它是对坯料施加外力,使其产生塑性变形,以改变坯料尺寸、形状,并改善其性能的一种加工方法。锻压方法的分类及其生产过程如图 4-1 所示。

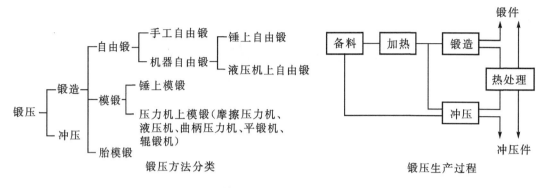

图 4-1 锻压方法分类与锻压生产过程

锻压属于塑性成形。用于锻压的材料必须具有良好的塑性,以便在锻压时能产生较大的塑性变形而不破裂。常用锻压材料中,钢的含碳量和合金元素的含量越少,其塑性越好;常用的有色金属(如铜、铝)及其合金都具有良好的塑性;有些非金属材料和复合材料也可用于锻压。塑性差的材料(如铸铁)不能锻压。

锻压加工的特点和应用如下:

(1)能改善金属的组织,提高其力学性能。这是由于加工时的塑性变形可以使金属坯料获得较细密的晶粒,并能消除钢锭遗留下来的内部缺陷(微裂纹、气孔等),合理控制零件的纤维方向,因而制成的产品力学性能较好。

(2)金属能节约,提高经济效益。由于锻造可使坯料的体积重新分配,获得更接近零件外形的毛坯,加工余量小,因此在零件的制造过程中材料损耗少。如制造直径为 8 mm、长 22 mm 的螺钉,锻压加工所用的材料仅为切削加工的 1/3。

(3)能加工各种形状及重量的产品。如形状简单的螺钉,形状复杂的多拐曲轴;重量极轻的表针及重达数百吨的大轴。

锻压与铸造相比也有其不足之处,锻造不适合加工形状极为复杂的零件。

锻压是机械制造中提供机械零件毛坯的主要加工工艺之一。如承受重载荷、冲击载荷的重要机械零件(主轴、连杆、重要的齿轮及炮筒等),多以锻件为毛坯;汽车、拖拉机、航空、家用电器、仪器仪表等工业中广泛使用的是板料冲压件。

4.3 锻造生产工艺过程

锻造生产的过程主要包括下料—加热—锻打成形—冷却—热处理等。下面分节着重讲解坯料加热及锻造成型。

4.3.1 坯料加热及加热炉

1. 坯料加热

锻造时对坯料加热的目的是为了提高坯料的塑性和降低其变形抗力,以便于锻造时省力和能够产生大的变形而不破裂。金属锻造时允许加热的最高温度,称为始锻温度。金属在锻造过程中热量渐渐散失,温度下降,金属不宜再锻造的温度称为终锻温度。

锻造温度范围是指锻造开始温度(始锻温度)和终止温度(终锻温度)之间的温度范围。常用材料的锻造温度范围如表4-1所示。

表4-1 常用材料的锻造温度范围

钢类	始锻温度/℃	终锻温度/℃	钢类	始锻温度/℃	终锻温度/℃
碳素结构钢	1200～1250	800	高速工具钢	1100～1150	900
合金结构钢	1150～1200	800～850	耐热钢	1100～1150	800～850
碳素工具钢	1050～1150	750～800	弹簧钢	1100～1150	800～850
合金工具钢	1050～1150	800～850	轴承钢	1080	800

锻造时金属的温度可用仪表测量,但锻工一般都用观察金属颜色(俗称火色)的方法来大致判断。碳钢的加热温度用观察火色的方法判断,温度与火色的关系如表4-2所列。

表4-2 碳钢的加热温度与火色

温度/℃	1300	1200	1100	900	800	700	<600
火色	白	亮黄	黄	樱红	赤红	暗红	黑

2. 锻造加热炉

中、小批量生产中常用的锻造加热炉有明火炉、反射炉、室式炉等。锻造中还常用电加热法。

1)明火炉

明火炉结构如图4-2所示,这种加热炉使用烟煤、焦炭等固体燃料。燃料堆在炉箅上燃烧,坯料放在燃料上直接加热。

这种加热炉结构简单、体积小,但热效率低,坯料加热温度有时不均匀,只适用于小型锻件的单件、小批量生产。这种加热炉最适于与手工锻造相配合,故又称手锻炉。

2)反射炉

中、小批量生产的锻造车间一般采用如图4-3所示的反射炉加热坯料。

图4-2 明火炉结构示意图

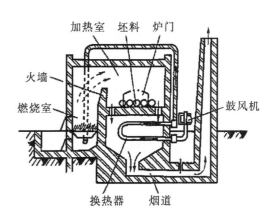

图4-3 反射炉结构示意图

这种加热炉在结构上的主要特点是燃料的燃烧室与坯料的加热室分开,燃烧产生的炉气越过火墙,由炉顶反射到加热室内,使坯料比较均匀地得到加热。加热室的温度可达1350℃。为提高热量的利用率,有的反射炉装有如图4-3所示的换热器,利用燃烧室排出的废气将助燃空气预热至200~500℃。显然,反射炉的热功率、热效率和加热质量都比明火炉高。

3)室式炉

大、中型锻造车间多以重油炉或煤气炉为主要的加热设备,常见的结构型式有室式炉和连续炉等。如图4-4所示为室式重油炉,其燃烧和加热室合为一体,即炉膛。燃油与压缩空气分别进入喷嘴,压缩空气由喷嘴口喷出时,将燃油带出喷成雾状,与炉膛内空气均匀混合并燃烧。坯料码放在炉膛底板上,为使坯料加热均匀,同一层坯料应相互拉开一些距离,不要堆挤在一起。

为了使燃料的燃烧取得最佳效果,必须控制好助燃空气的供给量。供气不足,燃料燃烧不充分,既浪费燃料,炉膛温度也低;供气过量,燃烧过猛,浪费燃料,并造成加热缺陷,影响锻造质量。

4)电加热法及其设备

电加热是先进的加热方法,主要有电阻加热方法、电接触加热法和电感应加热法等。生产中应用较多的是电阻加热法。电阻加热法的工作原理是利用电流通过特种材料制成的电阻体产生热量,再以辐射传热方式将金属加热,电阻加热炉结构示意图如图4-5所示。

电阻加热的优点是炉温可精确控制和调节,加热质量高,劳动条件好,但耗电多,费用高。主要用来加热有色金属及高温合金。

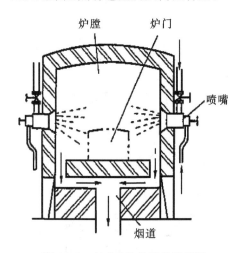

图4-4 室式重油炉结构示意图

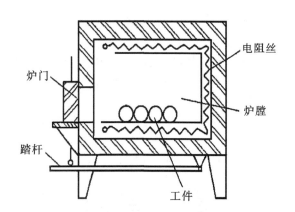

图4-5 电阻加热炉结构示意图

4.3.2 坯料加热缺陷和防止办法

由于加热控制不当,金属坯料在加热过程中会产生多种缺陷,常见加热缺陷见表4-3。

表 4 - 3　碳素钢常见加热缺陷

名称	原因	危害	防止(减小)措施
氧化	坯料加热时表面金属与氧化性气体发生氧化反应,俗称火耗	造成金属的烧损,降低锻件精度和表面质量,减小模具寿命	在高温区减少加热时间,控制炉气成分,达到少或无氧化加热
脱碳	坯料表面的碳被氧化俗称脱碳	降低表面力学性能,降低硬度,表面产生龟裂	
过热	加热温度过高,停留时间过长,导致金属晶粒粗大	降低锻件力学性能,金属塑性减小,脆性增大	控制加热温度,减小高温加热时间
过烧	加热温度接近材料的熔点,造成晶粒界面氧化甚至熔化	塑性变形能力完全消失,一锻即碎,只得报废	
开裂	坯料表里温差太大,组织变化不匀,导致材料内应力过大	坯料产生内部裂纹,坯料报废	对于高碳钢或大型坯料,开始加热时应缓慢升温

4.3.3　锻造成型及方法

坯料在锻造设备上经过锻造成形,才能达到一定的形状和尺寸要求。常用的锻造方法有自由锻、模锻和胎模锻三种。

自由锻是将坯料直接放在自由锻设备的上、下砧铁之间施加外力,或借助于简单的通用性工具,使之产生塑性变形的锻造方法。自由锻生产率低,锻件形状一般较简单,加工余量大,材料利用率低,工人劳动强度大,对工人的操作技艺要求高,只适用于单件或小批量生产,但对大型锻件来说,它几乎是唯一的制造方法。

模锻是将坯料放在固定于模锻设备的锻模模腔内,使坯料受压而变形的锻造方法。与自由锻相比,模锻具有生产率较高、锻件精度较高、材料利用率较高等优点,但设备投资大,锻模制造成本高,锻件的尺寸和重量受到限制,主要适用于中小型锻件的大批量生产。

胎模锻是在自由锻设备上,利用简单的非固定模具(胎模)生产锻件的方法。它兼有自由锻和模锻的某些特点,适用于形状简单的小型锻件的中小批量生产。

4.3.4　锻件冷却及后处理

1. 锻件冷却

冷却对锻件质量有重要的影响,为使锻件各部分的冷却收缩比较均匀,防止表面硬化、变形和裂纹,必须选用正确的冷却方式。锻件常见的冷却方式有三种:

(1)空冷。在无风的空气中,在干燥的地面上冷却。

(2)坑冷。在充填有石棉灰、沙子或炉灰等保温材料的坑中或箱中,以较慢的速度冷却。

(3)炉冷。在 $500 \sim 700 \, ^\circ\text{C}$ 的加热炉或保温炉中,随炉缓慢冷却。

一般地说,碳素结构钢和低合金钢中小型锻件,锻后均采用冷却速度较快的空冷方法,成分复杂的合金钢锻件和大型碳钢件,要采用坑冷或炉冷。冷却速度过快会造成锻件表面硬化,难以进行切削加工,甚至产生裂纹。

2. 锻后热处理

锻件在切削加工前,一般都要进行一次热处理。热处理的作用是使锻件的内部组织进一步细化和均匀化,消除锻造残余应力,降低锻件硬度,便于进行切削加工等。常用的锻后热处理方法有正火、退火和球化退火等。具体的热处理方法和工艺要根据锻件的材料种类和化学成分确定。

4.4 自由锻造

自由锻造(简称自由锻)分手工自由锻造和机器自由锻造两种。手工自由锻造是将加热的金属坯料置于铁砧上,利用人工锤击使其产生塑性变形,以获得所需形状和尺寸锻件的加工方法;机器自由锻是将加热的金属坯料置于锻压机器的上、下砧之间,利用机器的压力使其产生塑性变形,以获得所需形状和尺寸锻件的加工方法。自由锻具有锻件精度低,生产率低等缺点,除特大锻件外、自由锻更多地被模锻所取代。

4.4.1 自由锻造设备

机器自由锻造所用设备有两类:一类是以冲击力使坯料变形的空气锤、蒸汽-空气锤等;另一类是以静压力使坯料变形的水压机、曲柄压力机等。

1)空气锤

空气锤是以空气作为传递运动的媒介物,它是生产小型锻件的常用设备,如图 4-6 所示。空气锤由锤身、压缩缸、工作缸、传动机构、操纵机构、落下部分及砧座等几个部分组成。电动机带动压缩缸内活塞运动,将压缩空气经旋阀送入工作缸的下腔或上腔,驱使上砧铁或锤头上下运动进行打击。通过脚踏杆或手柄操作控制阀可使锻锤空转、锤头(工作活塞、锤杆、上砧铁)上悬、锤头下压、连续打击和单次锻打等多种动作,满足锻造的各种需要。

空气锤的吨位用落下部分的质量来表示,一般为 50～1000 kg。锻锤的打击力大约是落下部分的 100 倍左右。

2)蒸汽-空气锤

蒸汽-空气锤是以蒸汽或压缩空气为工作介质驱动锤头上下运动对坯料进行打击。如图 4-7 所示为双柱拱式蒸汽-空气锤。它的工作原理是通过操作手柄控制滑阀,使气体进入汽缸的上、下腔并推动活塞上、下运动,达到使锤头上悬、下压、单打或连续打击等动作。蒸汽-空气锤的吨位(也用落下部分的质量来表示)比空气锤大,一般为 1～5 t。主要用于生产大中型锻件。

3)水压机

水压机是在静压力下进行工作的。是制造重型锻件的唯一锻造设备,如图 4-8 所示。水压机的典型结构由三梁(上横梁、下横梁、活动横梁)、四柱(四根立柱)、两缸(工作缸、回程缸)和操纵系统(分配器、操纵手柄)组成。活动横梁和下横梁上各装有上砧和下砧,坯料置于下砧上。利用活动横梁上下往复运动,实现对坯料施压,使坯料变形。水压机的动能由另设的高压水泵和蓄压器供给。

水泵能产生约 20 MPa 左右的高压水,水压机的锻造能力以它所能产生的最大压力表示,如

2000 kN 水压机。目前自由锻造水压机吨位可达 6～150 MN,所能锻造的钢锭质量为 1～300 t。

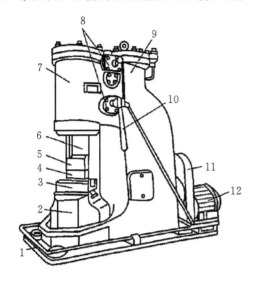

图 4-6　空气锤

1—踏杆;2—砧座;3—砧垫;4—下砥铁;5—上砥铁;

6—锤头;7—工作缸;8—控制阀;9—压缩缸;10—手柄;

11—减速机构;12—电动机

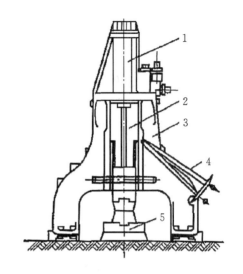

图 4-7　蒸汽-空气锤

1—工作汽缸;2—落下部分;3—机架;

4—操纵手柄;5—砧座

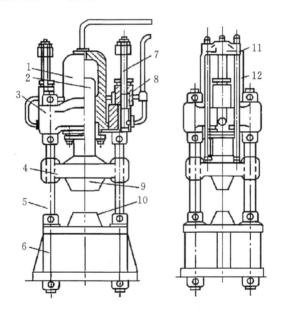

图 4-8　水压机

1—工作缸;2—工作柱塞;3—上横梁;4—活动横梁;5—立柱;6—下横梁;7—回程柱塞;

8—回程缸;9—上砧;10—下砧;11—回程横梁;12—拉杆

4.4.2　自由锻造工具

自由锻造的工具可分为支持工具、锻打工具、成形工具、夹持工具以及测量工具。

（1）支持工具是指锻造过程中用来支持坯料承受打击及安放其他用具的工具，如铁砧。多用铸钢制成，重量为 $100 \sim 150$ kg，其主要形式如图 4-9 所示。

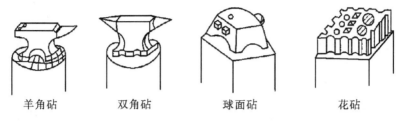

| 羊角砧 | 双角砧 | 球面砧 | 花砧 |

图 4-9　铁砧形式

（2）锻打工具是指锻造过程中产生打击力并作用于坯料上使之变形的工具，如大锤、手锤等。大锤一般用 60 钢、70 钢或 T7、T8 钢制造，重量为 $3.6 \sim 3.7$ kg，其主要形式如图 4-10 所示；手锤的重量为 $0.67 \sim 0.9$ kg，其锤头主要形式如图 4-11 所示。

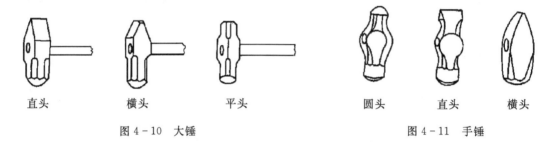

直头　　横头　　平头　　　　　圆头　　直头　　横头

图 4-10　大锤　　　　　　　　图 4-11　手锤

（3）成形工具是指锻造过程中直接与坯料接触并使之变形而达到所要求形状的工具。如图 4-12 所示为冲孔用的冲子、修光外圆面的摔子以及漏盘、型锤等。

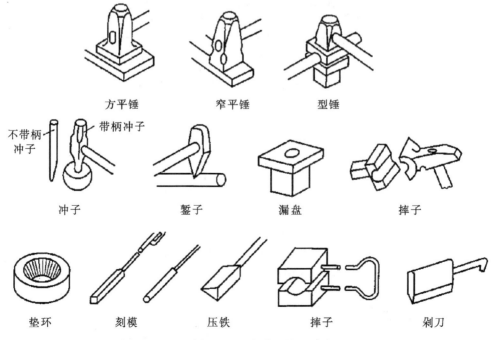

方平锤　　　　窄平锤　　　　型锤

不带柄冲子　　带柄冲子

冲子　　　　錾子　　　　漏盘　　　　摔子

垫环　　　刻模　　　压铁　　　摔子　　　剁刀

图 4-12　成形工具

(4)夹持工具是指用来夹持、翻转和移动坯料的工具,如图 4-13 所示的各种钳子。

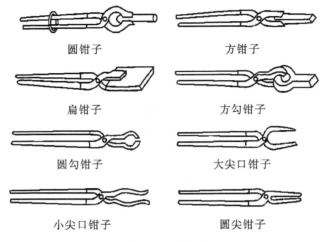

圆钳子	方钳子
扁钳子	方勾钳子
圆勾钳子	大尖口钳子
小尖口钳子	圆尖钳子

图 4-13 钳子

(5)测量工具是指用来测量坯料和锻件尺寸或形状的工具。如图 4-14 所示的钢直尺、卡钳、样板等。

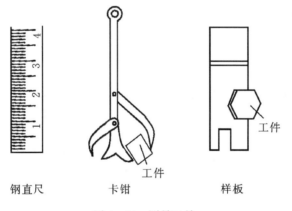

钢直尺　　　　卡钳　　　　样板

图 4-14 测量工具

4.4.3 自由锻造基本工序

自由锻造工序包括基本工序、辅助工序和精整工序,其中基本工序是变形工艺的主要部分。基本工序有镦粗、拔长、冲孔、扩孔、弯曲、扭转、错移和切割等,其中镦粗、拔长、冲孔三种应用最多。

1. 镦粗

镦粗是指沿锻件轴向锻打,使其高度减小、横截面增加的操作过程。在镦粗时,要注意以下几点:

(1)镦粗部分的坯料高度与直径之比应小于 2.5,否则会镦弯。

(2)坯料镦粗部分必须均匀地加热,否则镦粗时锻件变形不均匀,有些材料还可能发生镦裂现象。

（3）坯料的端面往往切得不平,故镦粗时应先用手锤轻击坯料端面,使端面平整且与坯料的轴线垂直,以免镦歪。

（4）镦粗时锻打力要重且正,否则锻件会锻成细腰形。必须及时纠正,否则镦出夹层。若锤打得不正,且锻打力的方向与锻件的轴线不一致,则锻件会镦歪或镦偏。锻件镦歪后应及时纠正。

在空气锤上进行镦粗的方法有全镦粗、局部镦粗和垫环镦粗等三种,如图 4-15 所示。

局部镦粗与垫环镦粗不同,局部镦粗时漏盘内的金属不变形,而垫环镦粗锻件的各部分均有变形。操作时应注意,当上、下砧铁的表面不平行时,每锻击一次,应立即将锻件绕其轴线转动一下,以便获得均匀的变形,而不致镦偏或镦歪。

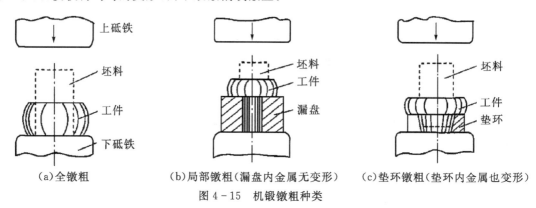

（a）全镦粗　　（b）局部镦粗（漏盘内金属无变形）　　（c）垫环镦粗（垫环内金属也变形）

图 4-15　机锻镦粗种类

2. 拔长

拔长是在垂直于锻件的轴向方向进行锻打,以减小其横截面、增加其长度的操作过程。注意控制锻件的宽度与厚度之比要小于 2.5,否则翻转 90° 后锻打时会产生夹层。拔长一般经过以下操作过程。

（1）压肩。局部拔长时,要先进行压肩。对方料用压铁进行压肩,方法如图 4-16 所示;对圆料采用压肩摔子进行压肩,方法如图 4-17 所示。

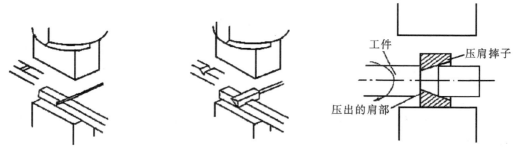

（a）先用小直径压铁压出痕迹　　（b）再用适当形状的压铁压出肩来

图 4-16　方料的压肩图　　　　　　　　　　图 4-17　圆料的压肩

（2）送进。锻打时,坯料每次向砧铁的送进量 l 应为砧铁宽度 b 的 $0.3 \sim 0.7$ 倍。送进量太大,延伸效率低;送进量太小则易产生夹层,如图 4-18 所示。

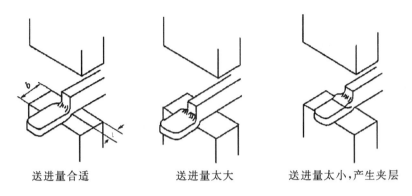

送进量合适 送进量太大 送进量太小,产生夹层

图 4-18 拔长时的送进方向和送进量

(3)锻打。将圆截面的坯料拔长成直径较小的圆截面锻件时,应把坯料先锻成方形面,在拔长到边长接近锻件的直径时,再锻成八角形,最后滚打成圆形,如图 4-19 所示。

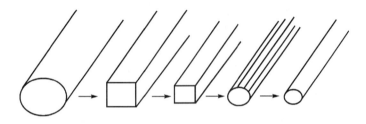

图 4-19 圆截面坯料拔长的变形过程

(4)翻转。拔长过程中应不断翻转锻件,使其在拔长过程中经常保持近于方形。翻转的方法如图 4-20(a)所示。当采用图 4-20(b)的方法翻转时,应注意锻件的宽度与厚度之比不要超过 2.5,否则再翻转拔长时容易产生夹层。

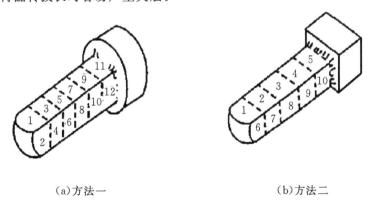

(a)方法一 (b)方法二

图 4-20 拔长时锻件的翻转方法

(5)修整。锻件拔长必须进行修整,以使其尺寸准确,表面光洁。方形和矩形截面的锻件修整时,应沿下砧铁的长度方向进给,以增加锻件与砧铁间的接触面积;圆截面的锻件在拔后直接用摔子修整。

3. 冲孔

冲孔是在坯料上冲出通孔或不通孔的操作。其操作规则和步骤(图4-21)如下。

(1)准备。为了尽量减小冲孔深度并使端面平整,须先将坯料镦粗。

(2)试冲。为了保证孔位准确。应先轻轻冲出孔位凹痕,然后检查孔位是否正确。如有偏差,应再次试冲,加以纠正。

(3)冲深。为了便于拔出冲子,先向凹痕内撒少许煤粉,再继续冲至坯料厚度2/3～3/4。

(4)冲透。反转工件,将孔冲透。

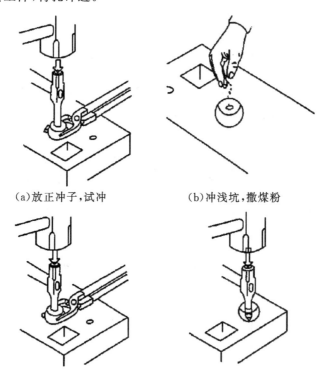

　　(a)放正冲子,试冲　　　　(b)冲浅坑,撒煤粉

(c)冲至工件厚度的2/3深度　(d)翻转工件,在铁砧圆孔上冲透

图4-21　冲孔的步骤

4. 弯曲

弯曲是使坯料弯成一定角度或形状的操作,如图4-22所示,用于制造90°角尺、弯板、吊钩等。弯曲时,需要将坯料待弯部分加热。

5. 扭转

扭转是将坯料的一部分相对于另一部分绕其轴线旋转一定角度的操作,多用于制造多拐曲轴和连杆等,如图4-23所示。扭转时坯料受扭部位的温度应高些,并均匀热透,扭转后应缓慢冷却避免产生裂纹。

6. 错移

错移是将坯料的一部分相对于另一部分平移错开的操作,主要用于曲轴的制造。错移时应先在坯料需要错移的部位压肩,再加垫板及支撑,锻打错开,最后修整,如图4-24所示。

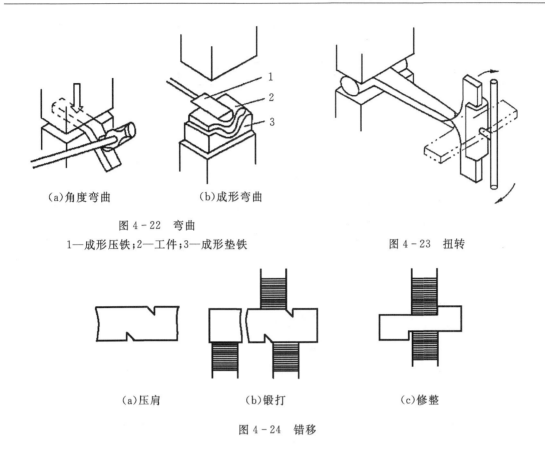

（a）角度弯曲　　　　（b）成形弯曲

图 4 - 22　弯曲

1—成形压铁；2—工件；3—成形垫铁　　　　　图 4 - 23　扭转

（a）压肩　　　　　（b）锻打　　　　　（c）修整

图 4 - 24　错移

7. 切割

切割是将坯料分割开的操作，用于下料和切除锻件的余料，如图 4 - 25 所示。

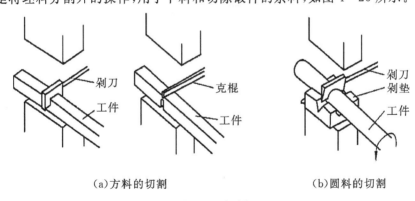

（a）方料的切割　　　　　（b）圆料的切割

图 4 - 25 切割

4.4.4 自由锻造工艺

1. 阶梯轴类锻件的自由锻工艺

阶梯轴类锻件自由锻的主要变形工序是整体拔长及分段压肩、拔长。表 4 - 4 所列为一简单阶梯轴锻件的自由锻工艺过程。

表 4 - 4 阶梯轴锻件的自由锻工艺过程

锻件名称	阶梯轴	工艺类别	自由锻
材料	45	设备	150 kg 空气锤
加热火次	2	锻造温度范围	1200～800℃

锻件图	坯料图

序号	工序名称	工序简图	使用工具	操作要点
1	拔长		火钳	整体拔长 $\varnothing 49 \pm 2$ mm
2	压肩		火钳、压肩摔子或三角铁	边轻打边旋转坯料
3	拔长		火钳	将压肩一端拔长至略大于 $\varnothing 37$ mm
4	摔圆		火钳摔圆摔子	将拔长部分摔圆至 $\varnothing 37 \pm 2$ mm

锻件名称		阶梯轴	工艺类别	自由锻
5	压肩		火钳、压肩摔子或三角铁	截出中段长度 42 mm 后,将另一段压肩
6	拔长	略	火钳	将压肩一端拔长至略大于 $\varnothing$ 32 mm
7	摔圆	略	火钳摔圆摔子	将拔长部分摔圆至 $\varnothing$ 32 ±2mm
8	精整	略	火钳,钢板尺	检查及修整轴向弯曲

2. 带孔盘套类锻件的自由锻工艺

带孔盘套类锻件自由锻的主要变形工艺是镦粗和冲孔(或再扩孔)。带孔盘套锻件的主要变形工序为镦料—冲孔—心轴上拔长。表 4 - 5 所列为六角螺母毛坯的自由锻工艺过程。此锻件可视作带孔盘类锻件,其主要变形工序为局部镦粗和冲孔。

表 4 - 5 六角螺母毛坯的自由锻工艺过程

锻件名称		六角螺母	工艺类别	自由锻
材料		45	设备	100 kg 空气锤
加热火次		1	锻造温度范围	1200~800℃
锻件图			坯料图	
序号	工序名称	工序简图	使用工具	操作要点
1	局部镦粗		火钳镦粗漏盘	1. 漏盘高度和内径尺寸符合要求; 2. 漏盘内孔要有 3°~5° 斜度,上口要有圆角; 3. 局部镦粗高度为 20 mm

序号	工序名称	工序简图	使用工具	操作要点
2	修整	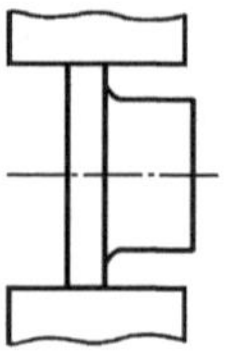	火钳	将镦粗造成的鼓形修平
3	冲孔	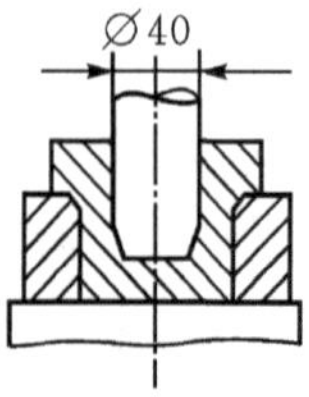 $\varnothing 40$	冲子 镦粗漏盘	1. 冲孔时套上镦粗漏盘,以防径向尺寸胀大; 2. 采用双面冲孔法冲孔; 3. 冲孔时孔位要对正,并防止冲斜
4	锻六角	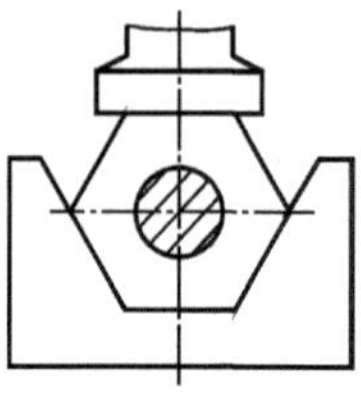	冲子 火钳 六角槽垫 平锤 样板	1. 带冲子操作; 2. 注意轻击,随时用样板测量
5	罩圆倒角	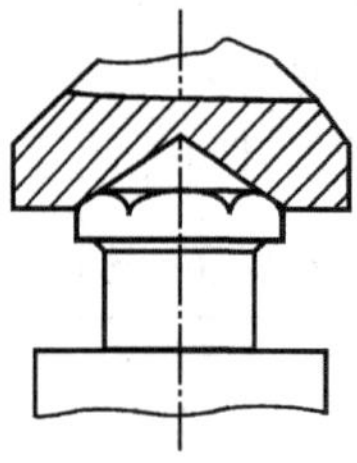	罩圆窝子	罩圆窝子要对正,轻击
6	精整	略		检查及精整各部分尺寸

▶ 4.4.5 手工自由锻操作要点

1. 掌钳

掌钳工站在铁砧后面,左脚稍向前。左手握钳,用以夹持、移动和翻转工件;右手握手锤,用以锻打或指示大锤的落点和打击的轻重。

握钳的方法随翻料方向的不同而不同,如图 4 - 26 所示。根据挥动手锤时使用的关节不同,手锤的打法分为三种,如图 4 - 27 所示。其中手挥和肘挥法用于给大锤作指示,臂挥法有时用来修整锻件。

2. 打锤

锻造时,打锤工应听掌钳工的指挥,锤打的轻重和落点由手锤指示。大锤的打法有抱打、抢打和横打三种。使用抱打时,在打击坯料的瞬间,能利用坯料对锤的弹力使举锤较为省力;抢打时的打击速度快,锤击力大;只有当锤击面与砧面垂直时,才使用横打法。

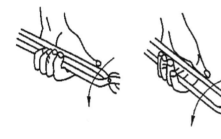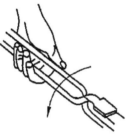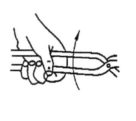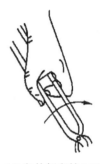

　（a）向内侧翻转 90°　　（b）向内侧翻转 180°　　（c）向外侧翻转 90°　　（d）向外侧翻转 180°

图 4-26　翻料时的几种握钳方法

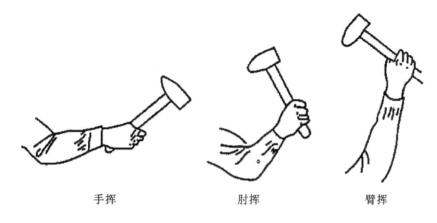

　　　　手挥　　　　　　　　　　肘挥　　　　　　　　　　臂挥

图 4-27　手锤的打法

4.5　特种锻造和冲压新工艺简介

4.5.1　特种锻造

特种锻造有精密模锻、粉末锻造以及超塑性模锻三种。

1. 精密模锻

精密模锻是在模锻设备上锻出形状复杂、精度较高锻件的模锻工艺。

精密模锻时必须用相应的工艺措施来保证锻件的尺寸精度和表面质量等，如模具的设计与制造必须精确，一般要求锻模模膛的加工精度要高于锻件精度 1 级～2 级；严格控制坯料的下料尺寸精度；必须采用无氧化或少氧化的加热方法对坯料进行加热等。

2. 粉末锻造

粉末锻造是将各种粉末压制成预制型坯，加热后再进行模锻，从而获得尺寸精度高、表面质量好、内部组织细密的锻件。

粉末锻造是粉末冶金和精密模锻相结合的新工艺，其工艺流程为：制粉—混粉—冷压—制坯—烧结加热—模锻—机加工—热处理—成品，如图 4-28 所示。

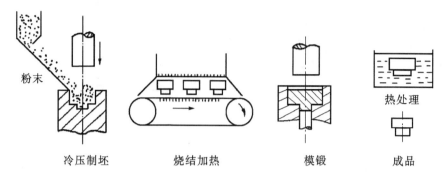

粉末   热处理

冷压制坯   烧结加热   模锻   成品

图 4-28 粉末锻造的流程图

粉末锻造的特点如下：

(1)锻件精度和表面质量均高于一般模锻件,可制造形状复杂的精密锻件,特别适合于热塑性不良材料的锻造,材料利用率高,可实现少或无切削加工。

(2)变形过程是压实和塑性变形有机结合,通过调整预制坯的形状和密度,可得到具有合理流向和各向同性的锻件。

(3)变形力小于普通模锻。

3. 超塑性模锻

超塑性模锻是超塑性成型方法之一。所谓超塑性是指当材料具有晶粒度为 $0.5\sim5\ \mu m$ 的超细等轴晶粒,并在 $T=(0.5\sim0.7)T_{熔}$ 的成型温度范围和 $\varepsilon=(10^{-2}\sim10^{-4})/s$ 的低应变速率下变形时,某些金属或合金呈现出超高的塑性和极低的变形抗力现象。在超塑性状态下使金属或合金成型的工艺方法称为超塑性成型。超塑性成型方法主要有超塑性模锻、超塑性挤压、超塑性板料拉深、超塑性板料气压成型等。这里只介绍超塑性模锻。

超塑性模锻是指将已具备超塑性的毛坯加热到超塑性变形温度,并以超塑性变形允许的应变速率,在压力机上进行等温模锻,最后对锻件进行热处理以恢复其强度的锻造方法。超塑性模锻可对高温合金、钛合金等难成型、难加工材料锻造出精度高、加工余量小,甚至不需加工的零件。

超塑性模锻已成功应用于军工、仪表、模具等行业中,如制造高强合金的飞机起落架、注塑模型腔及特种齿轮等。

4.5.2 冲压新工艺

冲压新工艺有超塑性板料气压成型与爆炸成型等。

1. 超塑性板料气压成型

将板料放在模具中,并与模具一起加热到超塑性温度后,将模具内的空气抽出(真空成型,见图 4-29(a))或向模具内吹入压缩空气(吹塑成型,见图 4-29(b)),利用气压使板料紧贴在模具上,从而获得所需形状和尺寸的加工方法。

此种方法主要适合于成型钛合金、铝合金、锌合金等形状复杂的壳体零件,一般厚度为 $0.4\sim4\ mm$ 的薄板用真空成型法,而厚度较大的板料用吹塑成型法。

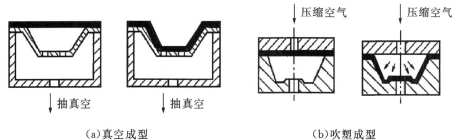

图 4 - 29 超塑性板料气压形成

2. 爆炸成型

爆炸成型是高能率成型方法之一,是利用高能炸药在爆炸瞬间释放出的巨大化学能,通过介质(水或空气)以高压冲击波作用于坯料,使其在极高的速度下变形的一种工艺方法。爆炸成型适用于加工形状复杂、难以用成对钢模成型的工件,主要用于板料的拉深、胀型、弯曲、翻边、冲孔、压花纹等冲压加工,图 4 - 30 所示为爆炸拉深示意图,图 4 - 31 所示为爆炸胀型示意图。

爆炸成型所用模具简单、无需冲压设备、成型速度快,能简单地加工出大型板材零件等,它尤其适合于小批量或试制大型冲压件。

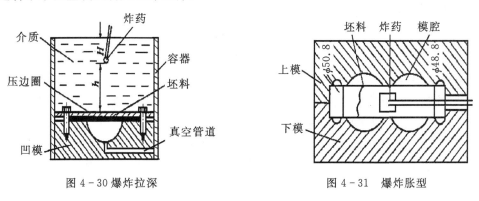

图 4 - 30 爆炸拉深　　　　　　　　　图 4 - 31 爆炸胀型

复习思考题

1. 锻压成型的实质是什么? 与铸造相比,锻压有哪些特点?
2. 什么叫自由锻? 试述自由锻的特点及应用。
3. 自由锻件与模锻件在结构上有何不同? 为什么?
4. 剪切与冲裁、冲孔与落料各有何不同?
5. 冲裁模与拉深模在结构上有何不同? 为什么?
6. 超塑性模锻与普通模锻相比,具有哪些特点?

第5章 热处理

5.1 学习要点与操作安全

5.1.1 学习要点

(1)了解热处理在机械制造中的作用。

(2)能够正确使用热处理常用的工具及检测仪器。

(3)掌握热处理基础知识和基本操作技能,并能按照图纸要求独立完成简单工件的热处理操作。

5.1.2 操作安全

(1)热处理操作之前,首先要熟悉热处理工艺规程和所要使用的设备。

(2)进入操作岗位时,必须穿戴好个人劳动防护用品。

(3)在加热设备和冷却设备之间不得放置任何妨碍操作的物品。

(4)对油浴及各种硝盐炉,要经常检查其温度指示和实际温度是否相符,严防超温起火。使用的淬火冷却油槽,要防止因油超温或因局部过热引起火灾。

(5)进入浴炉的工件、添加的盐以及盐浴校正剂必须烘干,以防爆炸。无通气孔的中空件不允许高温加热;在盐浴炉内加热不通孔的工件时,其孔口应向上,以防引起爆炸事故。

(6)热处理过程中产生的各种废液,应按规定分类存放、统一回收和处理,不得随意倒入下水道和垃圾箱。渗碳、氮碳共渗废气必须点燃;严禁在盐浴炉上烘烤食物。

(7)打开各种火焰炉和可控气氛炉炉门时,不得站立在炉门正面近距离内。由窥视孔观察炉膛时要保持一定距离。各种电器设备严禁带负荷拉合总闸,以防电弧烧伤。

(8)所有电器设备、电气测温仪表必须有可靠的绝缘及接地,高压电气设备(中、高频)工作区的地面应铺耐压绝缘胶板。电阻炉不得带电装卸工件,工件及工具不得与电热元件接触。高频设备工作时不得打开机门,接通高压后严禁人员到机后活动,检修及清洁机内元件时必须先行放电,以防触电。

5.2 热处理常用淬火介质

有关热处理的基本概念和热处理常用设备的内容,请参见本教程上册相关章节,此处不再赘述。本节仅对热处理常用淬火介质进行介绍。

热处理常用的淬火介质有水、水溶液、矿物油、溶盐、熔碱等。

5.2.1　水及其化合物

1. 水

水是应用最广的淬火介质,它来源广,价格低,成分稳定且不易变质,无毒,无臭,又不能燃烧。水的冷却能力较强,属于急冷淬火介质。

水作为淬火介质的主要缺点有:

(1)在奥氏体等温转变图的鼻部区,即 500～600℃ 左右,水处于蒸汽膜阶段,冷却速度不够快,会造成工件冷却不均匀及冷却速度不足而形成的“软点”。而在 300～100℃(马氏体转变温度)左右,水处于沸腾阶段,冷却速度太快,易使马氏体转变速度过快而产生很大的内应力,导致工件严重变形甚至开裂。

(2)水温对冷却能力影响大,对环境温度的变化敏感,水温升高,冷却能力急剧下降,且最大冷却速度的温度区间移向低温。当水温超过 30℃ 时,在 500～600℃ 范围冷却速度明显下降,往往导致工件淬不硬,而对马氏体转变范围的冷却速度影响却较小。当水温提高到 60℃ 时,冷却速度将下降 50% 左右。

(3)当水中含有较多气体(如新换的水),或是水中混入不溶杂质,如油、肥皂、泥浆等,均会显著降低其冷却能力,故使用和管理中应特别注意。

根据水的冷却特性可知,水一般只能适用于截面尺寸不大、形状较简单的碳钢工件淬火冷却。淬火时还必须注意:保持水温在 40℃ 以下,最好在 15～30℃ 之间,并保持水的流动性或循环,以破坏工件表面蒸汽膜,也可以在淬火时用摆动工件(或使工件上下运动)的方法来破坏蒸汽膜,提高 500～650℃ 区间的冷却速度,改善冷却条件,避免产生软点。

2. 盐水

在水中加入盐之后形成盐水,高温工件淬入盐水时,在其表面形成蒸汽膜的同时会析出盐晶体并立即爆裂,将蒸汽膜破坏,工件表面的氧化皮也被炸碎,提高了沸腾阶段的温度范围,因而提高了高温区的淬火冷却速度。

最常用的盐水是氯化钠(食盐)水溶液,一般使用质量分数为 5%～15% 的食盐水溶液。食盐水溶液在 500～650℃ 区间的冷却能力约为清水的两倍,能使工件淬火后得到高而均匀的硬度,而它在低温时的冷却速度则与清水差不多。由于盐水能使工件冷却均匀,因此用它作为淬火介质,可使工件获得高硬度,而且硬度均匀,避免产生软点、变形。优点是开裂倾向较清水小。其缺点是工件淬火后容易生锈,必须及时仔细清洗。

盐水可用作碳钢及低合金结构钢工件的淬火介质,其使用温度一般不应超过 60℃,工件淬火后应及时清洗并进行防锈处理。

3. 有机化合物水溶液

近年来,有机化合物水溶液用于淬火介质逐渐增多,它们能减少变形与开裂倾向,并可通过适当调整有机化合物的质量分数和温度,配制成符合各种工艺要求的有不同冷却速度的水溶液。这些水溶液一般都具有无毒、无臭、无烟、不燃及使用安全等特点。

这类淬火介质有聚乙烯醇水溶液、聚醚水溶液、聚丙烯酰胺水溶液、甘油水溶液、三乙醇胺水溶液、乳化液水溶液等,较常用是的聚乙烯醇水溶液。聚乙烯醇水溶液为一种白色或微带黄色的无毒有机化合物,用作淬火介质时,使用温度为 20~45℃,冷却能力介于油、水之间,并可通过适当搅拌或循环改善冷却效果。

聚乙烯醇水溶液作为淬火介质的优点是在高、低温区冷却速度慢,而中温区冷却速度快,具有良好的冷却特性。缺点是使用过程中有泡沫,易老化,夏季使用易变质发臭。

聚乙烯醇常用于感应加热工件和渗碳、碳氮共渗工件的淬火冷却及合金结构钢、工模具钢的淬火冷却。

5.2.2 淬火油

油是一种广泛使用的淬火介质。淬火油的种类很多,可大致分为普通淬火油以及在普通淬火油的基础上发展起来的新型淬火油两大类。新型淬火油有高速淬火油、光亮淬火油、真空淬火油等。

1. 普通淬火油

一般采用各种矿物油(如全损耗系统用油)作为淬火介质。油作为淬火介质的最大优点是:相对水而言,在淬火冷却过程中,能在较高温度进入冷却速度较缓慢的对流阶段,有利于减少工件的淬火变形和开裂倾向。

普通淬火油的缺点是:

(1)油的冷却能力要比水小得多,特别是在(500~650℃)温度范围内的冷却速度不足,而此温度段又正是过冷奥氏体最不稳定的鼻尖区域。因此,使用时常需搅拌,以增加冷却能力,但有时也会增加工件变形程度。

(2)作为淬火介质的矿物油,要求具有较高的闪点。否则,在使用时着火的危险较大,安全性差。

(3)产生油烟污染环境。

(4)淬火油(包括各种新型淬火油)经长期使用后会变质,冷却能力下降,从而影响工件的淬火质量。如:淬不透、淬不硬,产生软点等。普通淬火油只适用于过冷奥氏体稳定性高、淬透性好的各类合金钢及截面小于 5mm 的碳钢工件淬火。

2. 高速淬火油

高速淬火油是指那些在高温区冷却速度得到提高的淬火油。获得高速淬火油的基本途径有两种:

(1)合理选取不同类型和不同粘度的矿物油,以适当的配比相互混合,获得高速淬火油。

(2)在普通淬火油中加入添加剂,获得高速淬火油。

高速淬火油适合于截面较大的碳钢或低合金工件,使用温度为 20~80℃,温度不易太高,以防加速老化,油中严禁渗入水分,以免影响冷却效果。

3. 光亮淬火油

光亮淬火油是一种能在可控气氛下使淬火工件表面保持光亮的淬火油。它是在矿物油中加入不同性质的高分子添加物(如光亮剂、抗氧化剂等)调制而成的。光亮淬火油的使用温度为 20~80℃。油中严禁混入水分及其他油品。

光亮淬火油适用于在可控气氛下加热后钢件的淬火冷却。

4．真空淬火油

真空淬火油是普通淬火油经真空蒸馏、真空脱气等一系列处理后,再加入催冷剂、光亮剂和抗氧化剂等配制而成的。

它适用于轴承钢、工模具钢、结构钢及合金渗碳钢的淬火冷却。

5.2.3　盐浴和碱浴

盐浴和碱浴都属于不发生物态变化的淬火介质。它们的冷却速度主要取决于盐(碱)浴的成分、流动性以及与淬火工件之间的温差。这种冷却性可以保证某些钢种和过冷奥氏体在高温区域不发生分解,而在低温区域,能以较低的速度发生马氏体转变,从而使工件的变形、开裂倾向大大减少。

1．盐浴

作为等温和分级淬火介质的盐浴,应具有较低的熔点,只有这样才能保证介质具有较大的流动性和足够的冷却能力。硝盐浴是最常用的盐浴。

硝盐浴在高温区冷却速度快于油,低温区冷却速度则比油要慢。在硝盐中加入少量水,可以显著提高冷却能力。所以,工件在硝盐浴中淬火,能获得高硬度,且工件的变形小,又不易开裂。

高速钢和其他许多高合金钢的等温、分级淬火冷却,可采用低温中性盐浴作为淬火介质,其使用温度在 500℃ 以上。

2．碱浴

熔融的 NaOH 和 KOH 常作为分级淬火和等温淬火介质。碱的熔点一般较低,不同成分的碱配合后可得到熔点更低的混合碱浴。各类碱浴的高温区冷却速度都介于水和油之间,比硝盐略快。碱浴中加入少量水,可明显提高冷却能力,但使用温度应在 160～220℃ 之间。

碱浴在使用过程中,可采用加入氧化钡或氢氧化钡,形成沉淀后捞出沉渣,可继续使用。控制碱浴中的水分,可防止飞溅伤人。

碱浴适用于形状复杂、要求变形小及硬度要求高的碳素工具钢、渗碳钢及弹簧钢工件的等温淬火和分级淬火。但使用时应注意穿带防护服装和采取保障安全的措施。

5.3　钢的常规热处理和表面热处理

5.3.1　退火与正火

1．退火

退火是将工件加热到适当温度并保持一定时间,然后缓慢冷却的热处理工艺。

1)退火的目的

(1)降低钢的硬度,提高塑性,以利于切削加工及冷变形加工。

(2)细化晶粒,消除因铸、锻、焊引起的组织缺陷,均匀钢的组织及成分,改善钢的性能或为以后的热处理作准备。

（3）消除钢中的内应力，以防止变形和开裂。

2）常用退火方法

根据处理的目的和要求不同，钢的退火可分为完全退火、球化退火和去应力退火等。

（1）完全退火：完全退火又称重结晶退火，它是将工件加热到完全奥氏体化后缓慢冷却，获得接近平衡状态组织的热处理工艺。

（2）球化退火：为使工件中碳化物球状化而进行的退火工艺。

（3）去应力退火：为去除工件因塑性变形加工、切削加工或焊接造成的内应力及铸件内存在的残留应力而进行的退火。

（4）再结晶退火：再结晶退火又称为中间退火。它是指将冷塑性变形加工的工件加热到再结晶温度以上，保持适当时间，通过再结晶使冷塑性变形过程中产生的晶体学缺陷基本消失，重新形成均匀的等轴晶粒，以消除形变强化效应和残留应力的退火工艺。

（5）均匀化退火：又称为扩散退火。以减少工件化学成分和组织的不均匀性程度为主要目的，将其加热到高温并长时间保持，然后缓慢冷却的退火工艺。

3）常用退火方法的工艺、目的及应用见表 5-1。

表 5-1　常用退火方法的工艺、目的与应用

名称	工艺	目的	应用
完全退火	将钢加热至 Ac_3 以上 30～50℃，保温一定时间，然后炉冷至室温（或炉冷到 600℃ 以下，出炉空冷）	细化晶粒，消除过热组织，降低硬度和改善切削加工性能	主要用于亚共析钢的铸、锻件，有时也用于焊接结构
球化退火	将钢加热至 Ac_1 以上 20～40℃，保温一定时间，然后炉冷至室温，或快速冷至略低于 Ar_1，保温后出炉空冷	使钢中的渗碳体球状化，以降低钢的硬度，改善切削加工性，并为以后的热处理做好组织准备	主要用于共析钢和过共析钢
均匀化退火（扩散退火）	将钢加热到略低于固相线温度（Ac_3 或 Acm 以上 150～300℃），长时间保温（10～15 h），然后随炉冷却	使钢的化学成分和组织均匀化	主要用于质量要求高的合金铸锭、铸件或锻坯
去应力退火（低温退火）	将钢加热至 Ac_1 以下某一温度（一般为 500～600℃）保温一段时间，然后炉冷至室温	为了消除残余应力	主要用于消除铸件、锻件、焊接件、冷冲压件以及机加工件中的残余应力
再结晶退火	将钢加热至再结晶温度以上 100～200℃，保温一定时间，然后随炉冷却	为了消除冷变形强化，改善塑性	主要用于经冷变形的钢

2. 正火

将工件加热到奥氏体化后在空气中冷却的热处理工艺称为正火。

1) 正火的目的

(1) 改善碳质量分数较低的钢材的可加工性能。

(2) 当中碳结构钢力学性能要求不高时,可代替调质处理作为最终热处理,起到简化工艺的目的。

(3) 消除过共析钢的网状渗碳体。

(4) 消除钢中缺陷,细化晶粒,改善组织,为最终热处理作准备。

2) 正火与退火的区别

正火与退火两者的目的基本相同,但正火的冷却速度比退火稍快,故正火组织比较细,它的强度、硬度比退火钢高。

由于正火能消除钢材中的一些缺陷,使组织更细,更均匀化,因此,也经常采用正火作预备热处理,为最终热处理创造良好的组织准备。

3) 正火工艺

正火工艺即是将钢加热到 Ac₃(或 Acm)以上 30～50℃,保温一定时间,出炉后在空气中冷却。正火的保温时间大致和完全退火相同。倘若选择较高的正火温度,则保温时间可略为缩短一些。

3. 退火和正火的选择

图 5-1 上标注了各种退火和正火的加热温度范围。尽管它们各自的加热温度不同,处理后的力学性能也有差异,但它们的目的大致相似,在实际生产中,有时是可以互相代替的。因此,我们可以从以下三个方面来考虑,更合理地选择和应用退火与正火。

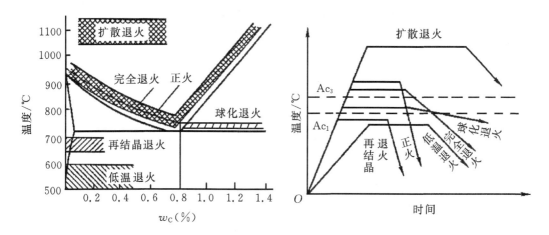

图 5-1　碳钢的各种退火及正火工艺规范示意图

(1) 从改善钢的切削加工性能方面考虑,对不同含碳量的钢需采用不同的处理,含 $w_C <$ 0.25% 的碳素钢和低合金钢,采用正火处理。而高碳钢正火后硬度太高,必须采用退火。

(2) 从使用性能上考虑,对于亚共析钢工件来说,正火比退火具有较好的力学性能。如果工件的力学性能要求不高,则可用正火作为最终热处理。但当工件形状复杂时,由于正火冷却速度快,有引起开裂的危险,则采用退火为宜。

(3)从经济上考虑,正火比退火的生产周期短,成本低,且操作方便,故在可能的条件下优先采用正火。

5.3.2 淬火与回火

1. 淬火

将工件加热到奥氏体后以适当方式冷却获得马氏体或(和)下贝氏体组织的热处理工艺,称为淬火。最常见的有水冷淬火、油冷淬火、空冷淬火等。

1)淬火目的

淬火的目的,是使过冷奥氏体进行马氏体(或下贝氏体)转变,得到马氏体(或下贝氏体)组织,然后配合以不同温度的回火,获得所需的力学性能。

2)淬火加热方法

工件在炉中加热方法的不同,其加热速度也有明显的差异。

淬火加热方法的选择原则是:一般的低、中碳钢工件,视工件厚薄可采用现有加热设备能达到的较快加热速度(如到温加热、超温装料或超温加热)进行加热;铸锻件、高碳钢及高合金钢、厚薄相差悬殊及形状复杂这三类工件应严格控制加热速度,采用分段预热的加热方法。图5-2所示即为五种加热方法。

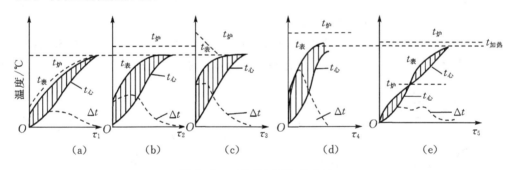

图5-2 工件的不同加热方法

(1)图(a)所示为工件随炉升温,这种方法所需时间最长,加热速度最慢,但加热过程中工件表面与心部的温差最小。

(2)图(b)所示为到温加热,是将工件放入已预先加热到要求温度的炉子中进行加热,其加热速度快于前者,工件表面与心部的温差也大于前者。

(3)图(c)所示为超温装料,装炉时炉温已高于所要求的温度,装炉后,由于冷工件吸收热量,炉温逐渐降到所要求的温度。此种方法加热速度更快一些,工件表面与心部温差也更大一些。

(4)图(d)所示为超温加热,在炉温始终高于加热温度较多的情况下加热,直到工件达到预定的加热温度。这种加热方法加热速度最快,工件表面与心部温差也最大。

(5)图(e)所示为分段预热,先将工件在某一个中间温度进行预热,然后再放入已加热到要求温度的炉中加热。这种加热方法总加热时间比随炉加热短,而工件表面与心部温差也不大。

3)淬火加热温度

淬火加热温度,是根据钢的化学成分、组织和不同的力学性能要求来确定的。其基本原则是:

$w_C = 0.02183\% \sim 0.77\%$ 的铁碳合金:$Ac_3 + (30 \sim 50)℃$;

$w_C = 0.77\% \sim 2.11\%$ 的铁碳合金:$Ac_1 + (30 \sim 50)℃$。

如图 5-3 所示。

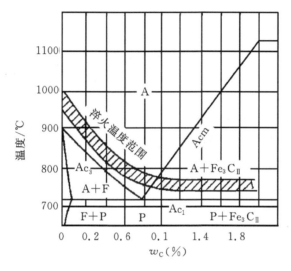

图 5-3　碳钢的淬火加热温度范围

在具体选择钢的淬火加热温度时,除了遵守上述的一般原则外,还应考虑工件的化学成分、技术要求、尺寸形状、原始组织以及加热设备、淬火介质等诸多因素的影响,对加热温度予以适当调整。表 5-2 是部分常用钢的淬火加热温度。

表 5-2　常用钢淬火加热温度(单位:℃)

钢号	临界点		$Ac_3 + (30 \sim 50)$	$Ac_1 + (30 \sim 50)$	生产中常用淬火加热温度
	Ac_3	Ac_1			
35	802	732	832～852	762～782	850～870[$Ac_3 + (48 \sim 68)$]
45	780	724	810～830	754～774	830～860[$Ac_3 + (50 \sim 80)$]
50	760	725	790～810	755～775	810～830[$Ac_3 + (50 \sim 70)$]
35SiMn	830	750	860～880	780～800	860～890[$Ac_3 + (30 \sim 60)$]
35CrMo	800	755	830～850	785～805	830～870[$Ac_3 + (30 \sim 70)$]
40Cr	782	743	812～832	773～793	830～860[$Ac_3 + (48 \sim 78)$]
40MnVB	774	730	804～824	760～780	830～870[$Ac_3 + (56 \sim 96)$]

4)淬火保温时间

为了使工件内外各部分均完成组织转变、碳化物溶解及奥氏体的成分均匀化,就必须在淬火加热温度保温一定的时间。

估算保温时间的经验公式为:

$$\tau = \alpha K D$$

式中:τ——加热时间(min);

α——加热系数(min/mm);

K——装炉修正系数;

D——工件有效厚度(mm)。

加热系数 α 表示工件单位厚度所需要的加热时间,其大小与工件尺寸、加热介质及化学成分有关。α 值的大小一般可通过查阅相关热处理手册获得。

装炉修正系数 K 是考虑装炉量的多少而确定的系数,装炉量大时,其取值也大,一般由经验确定。

工件有效厚度 D 可按下述方法确定:

(1)圆柱体以其直径作为有效厚度。

(2)板件以其厚度作为有效厚度。

(3)矩形截面工件以其短边作为有效厚度。

(4)筒类工件以其壁厚作为有效厚度。

(5)锥体以离小头 2/3 长度处的直径作为有效厚度。

(6)球体以其直径的 0.6 倍作为有效厚度。

(7)形状复杂工件按工作部分厚度计算,或按几处主要截面部位的平均厚度计算。

2. 回火

回火就是将淬火后的工件加热到 Ac_1 以下某一温度,保温一定时间,然后冷却到室温的热处理工艺。

钢的回火按照回火温度的不同,可以分为低温回火、中温回火及高温回火。

(1)低温回火:将淬火工件加热到 150~250℃回火,可得到回火马氏体组织。其目的是降低内应力,减少脆性和变形,使工件保持高硬度和高耐磨性。主要用于刀具、量具、拉丝模、滚动轴承以及其他要求硬而耐磨的工件,回火后工件硬度一般大于 55HRC。

(2)中温回火:将淬火工件加热到 250~500℃回火,可获得回火托氏体组织。其目的是提高工件的冲击韧度,使工件具有高弹性和高屈服点。主要用于弹性工件及热锻模等,工件硬度一般在 35~50HRC 范围内。

(3)高温回火:将淬火工件加热到 500~700℃回火,淬火加高温回火的工艺也称为调质处理,可获得回火索氏体组织。使工件具有较低的硬度、适当的强度和较高的塑性及韧性。调质处理广泛应用于受力构件,如螺栓、连杆、齿轮、曲轴等工件,还可作为工件表面淬火、渗氮前的预备热处理,工件硬度一般在 25~40HRC。

1）回火目的

回火的目的，是合理地调整力学性能，使工件满足使用要求；稳定组织，使工件在使用过程中不发生组织转变，从而保证工件的形状、尺寸不变；降低或消除内应力，以减少工件的变形并防止开裂。

2）回火方法

回火方法有整体回火与局部回火两种。整体回火是将工件整体放入回火炉中进行回火。有时工件的不同部位需要不同的硬度，应采用局部回火。局部回火有两种方法，一种是整体硬度较高而局部硬度较低，回火温度高的，在高温下进行局部回火，然后整体进行低温回火；另一种是用高频感应加热或火焰加热局部快速回火，还可以利用工件淬火后心部热量外传进行自行回火。

3）回火工艺参数的选择原则

回火工艺参数主要有回火温度、回火时间及回火后的冷却三个方面。

（1）回火温度：工件的力学性能要求（如硬度、强度、塑性、韧性等）是选择回火温度的依据。由于硬度和强度在一定范围内有着对应关系，因此常以硬度要求来确定回火温度。

（2）回火时间：回火需保温一定的时间，目的是使工件心部与表面温度均匀一致，保证组织转变的充分进行，以及淬火应力得到充分消除。

回火时间的确定，必须考虑工件的有效尺寸、回火温度以及加热介质等因素，见表 5-3。

表 5-3　回火温度、工件有效厚度和保温时间的关系

低温回火（150～250℃）						
有效厚度/mm	<25	25～50	50～75	75～100	100～125	125～150
保温时间/min	30～60	60～120	120～180	180～240	240～270	270～300
中、高温回火（250～650℃）						
有效厚度/mm		<25	25～50	50～75	75～100	100～125	125～150
保温时间 /min	盐炉	20～30	30～45	45～60	75～90	90～120	120～150
	空气炉	40～60	70～90	100～120	150～180	180～210	210～240

（3）回火冷却：一般工件回火、出炉后在空气中冷却；有回火脆性的工具钢，回火后应在油中或水中冷却，但应防止变形和开裂；快冷后形成的残留应力，必要时可再进行一次低温回火加以消除。

常用钢材的回火温度与硬度值关系见表 5-4。

表 5-4　钢材回火温度与硬度对照表

钢种	钢号	加热温度/℃	淬火规范及硬度		不同温度回火后得到的硬度 HRC												备注
			淬火介质	硬度 HRC	180±10	240±10	280±10	320±10	360±10	380±10	420±10	480±10	540±10	580±10	620±10	650±10	
碳素结构钢	35	860±10	水	>50	51±2	47±2	45±2	43±2	40±2	38±2	35±2	33±2	28±2	250±20 HBS	220±20 HBS		
	45	830±10	水	>55	56±2	53±2	51±2	48±2	45±2	43±2	38±2	34±2	30±2	HBS	HBS		
碳素工具钢	T8,T8A	790±10	水—油	>62	62±2	58±2	56±2	54±2	51±2	49±2	45±2	39±2	34±2	29±2	25±2		
	T10,T10A	780±10	水—油	>62	63±2	59±2	57±2	55±2	52±2	50±2	46±2	41±2	36±2	30±2	26±2		
合金钢	40Cr	850±10	油	>55	54±2	53±2	52±2	50±2	49±2	47±2	44±2	41±2	36±2	31±2	260HBS		具有回火脆性的钢(40Cr,66Mn,30CrMnSi等),在中温或高温回火后用清水或油冷却
	50CrVA	850±10	油	>60	58±2	56±2	54±2	53±2	51±2	49±2	47±2	43±2	40±2	36±2			
	60Si2MnA	870±10	油	>60	60±2	58±2	56±2	55±2	54±2	52±2	50±2	44±2	35±2	30±2			
	65Mn	820±10	油	>60	58±2	56±2	54±2	52±2	50±2	47±2	44±2	40±2	34±2	32±2			
	5CrMnMo	840±10	油	>52	55±2	53±2	52±2	48±2	45±2	44±2	44±2	43±2	38±2			30±2	
	30CrMnSi	860±10	油	>48	48±2	48±2	47±2	48±2	43±2	42±2	44±2	43±2	36±2	36±2	28±2		
	GCr15	850±10	油	>62	61±2	59±2	58±2	56±2	53±2	52±2	50±2	51±2	41±2	36±2	34±2	32±2	
	9SiCr	850±10	油	>62	62±2	60±2	58±2	57±2	56±2	55±2	52±2	51±2	45±2	34±2	30±2	26±2	
	CrWMn	830±10	油	>62	61±2	58±2	57±2	55±2	54±2	52±2	50±2	46±2	44±2	32±2	30±2		
	9Mn2V	800±10	油	>62	60±2	58±2	56±2	54±2	51±2	49±2	41±2						
高合金钢	3Cr2W8V	1100	分级、油	~48							55±2	46±2	48±2	48±2	43±2	41±2	一般采用560~580℃回火两次
	Cr12	980±10	分级、油	>62	62	62	60	57±2	57±2				52±2			45±2	一般采用低温回火
	Cr12MoV	1030±10	分级、油	>62	62	62	60		57±2		55±2	51±2	53±2		51±2	45±2	一般采用500~520℃回火两次
	Cr12MoV	1120±10	分级、油	>44	44	45	48	48	48			51±2	63±2	52±2			
	W18Cr4V	1270±10	分级、油	>64													560℃回火三次,第一次1h

注:(1)水淬火介质的质量分数为 10% NaCl 水溶液。

(2)淬火加热在盐浴炉内进行,低温回火可用硝盐浴,中温回火可用硝盐浴或井式炉中进行,高温回火一般用井式炉。

(3)回火保温时间可参考有效厚度及装炉量,一般碳钢采用 60~90 min,合金钢采用 60~120 min。

▶▷ 5.3.3　表面高频感应淬火

表面高频感应淬火是采用高频电源,利用高频感应电流通过工件所产生的趋肤效应和涡流热效应,使工件表层及局部加热至淬火温度,随后进行快速冷却的淬火工艺。其原理是:淬火时,把工件放在铜质的感应器中,接上某一固定的高频率的交流电以产生电磁感应,其结果会在工件中产生感应电流。这种感应电流依据趋肤效应沿工件表层分布,称为涡流。在涡流及工件本身电阻的作用下,电能便在工件表层转化为热能,使表层很快升温至淬火温度,此后将工件立即进行快速冷却,就达到了表面淬火的目的。

1. 表面高频感应加热淬火的特点

(1)加热速度快,热效率和生产效率高。由于感应加热是依靠工件本身发出的热量进行加热的,故其热损失少,工件表层可在极短的时间里达到 Ac_3,工件无保温时间,所以生产效率很高,适合于大批量生产形状简单的工件。

(2)加热层深度易控制。高频感应加热淬火是对工件表层进行加热淬火,可以通过电流频率获得不同深度的淬硬层。例如:要求淬硬层为 0.5~2 mm 时,适宜的频率为 200~300 kHz。

(3)热处理质量较好。在高频感应加热淬火过程中,升温速度极快,保温时间极短。与一般加热淬火相比,淬火后工件表面容易得到细小的隐晶马氏体,工件的表面硬度也比一般加热淬火的硬度高出 2~3HRC。另外,工件表面氧化、脱碳极少,热处理畸变也比常规加热淬火小得多。

(4)不足之处是加热设备昂贵,且需要配备专门的淬火机床;加热温度不易测定和控制;设备维护、调整和使用等都要求操作人员具有较高的技术水平。

感应加热表面淬火常应用于中碳碳素钢及中碳合金钢的结构件,也可用于高碳工具钢、低合金工具钢工件和铸铁件等。

2. 感应加热淬火设备

感应加热淬火设备通常采用电子管或晶体管高频设备,它是通过高频振荡将 50Hz 交流电变为 100~500 kHz 的变频装置。通常是由工频升压、整流、高频振荡及高频降压等四个部分组成,如图 5-4 所示。

现以 GP30-CR11 为例,说明电子管式高频加热设备型号表示的意义:GP 表示高频;30 表示振荡管的额定功率(kW);C 表示适用于热处理;R 表示适用于熔炼;11 表示编号。

常用的电子管式高频感应加热设备的型号和技术参数见表 5-5。

表 5-5　常用的电子管式高频感应加热设备的型号及技术参数

设备型号	振荡功率(kW)	设备功率(kVA)	振荡频率(kHz)	最高阳极电压(kV)	振荡管		整流管		冷却水消耗量(L/h)	主要用途
					型号	数量	型号	数量		
GP8-CR10 GP8-CR15	8	18	300~500	3.1	Fr-89S	1	ZG1-1.25/10	6	540	半导体材料加热,小型工件热处理
GP30-CR11 GP30-CR16	30	55	200~300	15.0	F-431S	1	ZG1-6/15	7	1000	熔炼、淬火

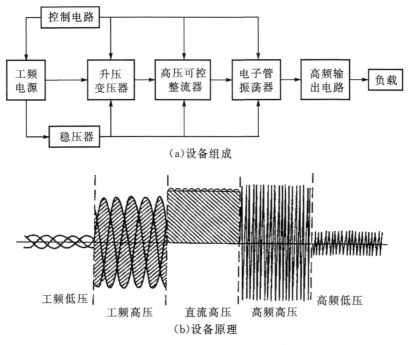

图 5-4 电子管式高频应加热设备

3. 高频感应加热淬火后工件的组织及力学性能

1)高频感应加热淬火后工件表面及心部的组织

由于高频感应加热淬火的特点是加热温度高、速度快、时间短,所以过分粗大的原始组织(如大块铁素体等)将不利于奥氏体的转变和均匀化。因此,工件在高频感应加热前应先进行预备热处理(正火或调质)。以获得工件表层合适的原始组织,并保证工件心部具有一定的强度和韧性。

工件经高频感应加热表面淬火后,工件的最表层的加热温度高于 Ac_3,淬火后可得到马氏体组织。而工件心部的加热温度略低于 Ac_1,所以,在加热过程中不发生相变,淬火后仍为原始组织。

工件介于最表层和心部之间的过渡区加热温度在 $Ac_3 \sim Ac_1$ 之间,淬火后可得到马氏体+未溶的铁素体,在过渡区内,由表及里铁素体数量逐渐增加。

2)高频感应加热淬火后工件的力学性能

(1)硬度:高频感应加热表面淬火后工件的硬度比常规淬火要高出 2~3HRC,这种现象称为超硬现象。这种现象在 200℃以上回火后不复存在。

(2)疲劳强度:高频感应加热表面淬火,能有效地提高工件的抗弯曲和抗扭转的疲劳强度,一般来说,对于小工件能将疲劳强度提高 2~3 倍,对于大工件则能提高 20%~30%。

(3)耐磨性:经高频感应加热淬火后,工件的耐磨性要比常规淬火提高 75% 左右。

5.3.4 典型零件热处理实例

实例:45 钢圆柱齿轮感应加热淬火。

如图 5-5 所示,45 钢制圆柱齿轮的模数 $m=3$ mm,齿面硬度为 45~50HRC,淬硬层深度为 0.8~1.2 mm。淬火工艺如下。

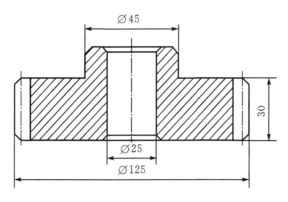

图 5-5　圆柱齿轮

1. 选择感应加热设备

为了保证齿轮表面淬硬层的质量,应使电流热透入深度 $\Delta_{热}$ 大于所要求的淬硬层深度 δ,即采用较低的频率来满足 $\Delta_{热} \geqslant \delta$,以使淬硬层内同时发热而达到比较均匀的温度。这种加热方式称为透入式加热。经验证明,淬硬层深度 δ 不应小于电流热透入深度 $\Delta_{热}$ 的 1/4,而以电流热透入深度 $\Delta_{热}$ 的 1/2 为最佳。

对于一般碳钢为:

$$\Delta_{热} \approx \frac{500}{\sqrt{f}};\ f \approx \frac{25 \times 10^4}{\Delta_{热}^2}$$

式中: $\Delta_{热}$——电流热透入深度(mm);

　　　f——电流频率(Hz)。

对于本圆柱齿轮来说,淬硬层深度 δ 为 0.8～1.2 mm,因此电流频率取 62.5 kHz,可选择 GP100-C 型高频感应加热设备。

2. 设计感应器

高频感应加热淬火的加工效率和加工质量,与感应器的设计和使用有密切关系,因此使用合适的感应器是高频感应加热淬火操作的关键。

感应器的形状和尺寸是根据工件的形状和尺寸确定的,故按加热形式可将感应器分为平面加热、外圆表面加热、内孔表面加热、内外表面同时加热和特殊表面加热感应器等五类。

对于相同直径、相同高度的感应器,当匝数增加时,感应器本身消耗的电能增大,由于设备的输出功率是一定的,因此,随着感应器匝数增加,设备输送给工件的电能反而减小。在这种情况下,就需要延长加热时间,才能使工件达到工艺规定的淬火温度,生产效率会因此降低。随着加热时间延长,热量由工件表面向心部传导,使加热层深度增加,淬火后获得的淬硬深度可能会超过工艺规定的范围。所以,大直径工件一般采用单匝感应器加热;工件直径较小时,应使用多匝感应器加热。

本圆柱齿轮属于外圆表面加热,齿轮外径也较大,故应采用如图 5-6 所示的感应器。

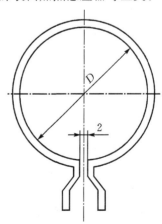

图 5-6　圆柱齿轮感应器

在图 5 - 6 中：
$$D = D_0 + 2a$$

式中：D——感应器的内径(mm)；

    D_0——齿轮外圆直径(mm)；

    a——间隙(mm)。

在通常情况下，感应器与工件的间隙见表 5 - 6。

表 5 - 6 感应器与工件的间隙

类别	加热工件		加热淬火方式	间隙/mm
高频感应器	轴		同时	1~3
			连续	1.5~3.5
	齿轮	$m = 1.5 \sim 2$ mm	全齿同时	1.5~2
		$m = 3 \sim 3.5$ mm		2.5~3
		$m = 4 \sim 4.5$ mm		3~3.5
		$m = 5 \sim 6$ mm		4~4.5
	零件内孔		同时	1~2
			连续	1~2
中频感应器	轴		同时	2~5
			连续	2.5~3
	工件内孔($\varnothing > 70$ mm)		连续	2~3

本圆柱齿轮的模数 $m = 3$ mm，所以感应器与工件的间隙取 2.5 mm，感应器的内径 D 等于 130 mm。

3. 选择感应淬火方法

高频感应加热淬火的方法有同时加热淬火法和连续加热淬火法。本圆柱齿轮可以按照同时加热淬火法操作。将齿轮装在淬火机床上，开动淬火机床，使齿轮升起并进入感应器；在齿轮加热至淬火温度后，再开动淬火机床使齿轮下降，进入喷水器内进行喷水冷却。淬火后的齿轮应立即在 180~200℃ 的油炉中回火 1~2 h。

4. 感应加热前的准备工作

(1)检查冷却水的电阻，应使其大于 4 kΩ/cm²，水温应在 15~35℃ 之间。

(2)检查冷却水的水压，应使其保持在 0.1~0.15 MPa 之间。

(3)操作的环境温度应在 15~35℃ 范围内。

(4)关闭感应加热设备所有的安全门，将齿轮置于淬火机床上。

5. 感应加热淬火的操作步骤

(1)合上高频电源设备电源开关，设备电源指示灯和水压指示灯亮。

(2)将转换开关由"中间断开"转向"预热Ⅰ"，对闸流管预热 15~30 min。（注意：若使用三相高压硅整流器，此步骤可省略）

(3)将转换开关由"预热Ⅰ"转向"预热Ⅱ"，灯丝电压表缓慢升至 22 V(F - 433 型管)，约 1 min

后,按下"二档灯丝"按钮,灯丝电压升至 33 V,且相应指示灯亮。加热 5～10 min,方可接通高压。

(4)按下"高压接通"按钮,阳极电压表指示为 6750 V,且相应指示灯亮。调节"高压"旋钮,使高压达到工艺要求(6750～13000 V)。

(5)起动淬火机床的水泵,调节水压为 0.1～0.2 MPa,并调节喷水压力。

(6)将耦合手轮转到满刻度的 1/3 处,将反馈手轮置于中间位置。

(7)按下"加热接通"按钮,工件即可被加热,且相应指示灯亮。

(8)调节耦合和反馈两个手轮,使阳流与栅流的比值在 5∶1～8∶1 的范围。并调至工艺规定的电流范围。

(9)在齿轮加热至工艺要求的温度后,即可停止加热,并进行淬火操作。

6. 感应加热后的停机程序

(1)将"反馈手轮"和"耦合手轮"旋至最低位置,"栅流表"和"阳流表"的指示均回零位。

(2)将调压器旋钮转至最低位置,切断高压。

(3)切断灯丝电源,断开整个设备电源开关。

(4)冷却水继续冷却 15 min 后方可关闭冷却水。

7. 质量检验

工件感应淬火后质量检验包括外观、表面硬度、有效淬硬层深度和金相组织四项。

(1)外观:感应加热淬火的齿轮表面不能有裂纹、锈蚀和影响使用的裂痕。

(2)表面硬度:按照工艺要求,检查齿轮表面硬度,波动范围不应超过 45～50 HRC。

(3)有效淬硬层深度:按照工艺规程要求以及抽样比例剖开工件,检查齿轮表面淬硬层深度在 0.8～1.2 mm 范围内。

(4)金相组织:对 45 钢齿轮可按 JB/T 9204—1999《钢件感应淬火金相检验》的规定,对齿轮进行相应的金相组织检查。

5.4　热处理质量检验

5.4.1　热处理工件的质量检验

工件每完成一道或全部热处理工序后,均应按工艺规程的要求,进行相应项目的质量检验。热处理质量检验,包括硬度检验、变形检验、外观检验等。重要的工件,还要进行显微组织检验、材料化学成分检验及力学性能检验。

(1)硬度检验:硬度是金属材料力学性能中最常用的指标之一,是材料表面抵抗局部变形,特别是塑性变形、压痕或划痕的能力。硬度测定常用压入法,表示方法有布氏硬度、洛氏硬度、维氏硬度。

(2)变形检验:工件变形量应小于其加工余量(直径或厚度)的 1/3～1/2。

(3)外观检验:工件表面不能有裂纹及划痕。

(4)金相检验:除精密和重要工件外,一般不作金相检验。如需要时,应在工艺文件中注明,成批生产的工件应根据要求抽检。

▶ 5.4.2　金相检测及试样制备

1. 金相检测

金相检验应根据工件大小参照热处理常用金相检验标准以确认金相组织是否合格,标准如下:

(1)碳素结构钢、合金结构钢正火的金相组织,应为均匀分布的铁素体和片状珠光体,晶粒度为5~8级(按 YB27—1977 钢中晶粒度第一和第二标准级别图评定),允许出现轻微带状铁素体;对于大型结构钢铸锻件正火后的晶粒度可放宽到4~8级。

(2)碳素工具钢采用球化退火后的珠光体组织,按 GB/T 1298—1986 第一级别图评定;截面小于或等于 60 mm,T7~T9 钢,应为 1~5 级合格;T10~T13 钢为 2~4 级合格。

(3)合金工具钢球化退火后的珠光体组织,按 GB/T 1299-2000 评定,一般为小于或等于 5 级合格,9SiCr 则为 2~4 级合格。

(4)轴承钢球化退火后的珠光体组织应为 2~4 级,按 GB/T 18254—2002 第六级别图评定。

(5)高速钢球化退火后一般为索氏体组织。

(6)铸铁退火后其石墨的形状、大小、长度和分布,应符合 JB/T 6290—1992、GB/T 9441—1988 规定。

(7)网状组织:钢件截面小于或等于 60 mm,不大于 2 级,大于 60~100 mm,不大于 3 级。

(8)魏氏组织:1~3 级可以使用,4~6 级不能使用。

2. 试样制备

1)取样

金相试样的选取部位及方法正确与否,直接关系到分析结果的准确性。所以取样前首先要明确检验要求,根据工件化学成分、外形结构(包括尺寸)、性能、制造工艺过程及具体规范、服役情况和损坏过程等来确定取样方案(试样的选择)和取样方法。

(1)试样大小和金相磨面的选择应视试验要求而定,必须具有代表性。

(2)检验钢材或产品损坏情况时,取样应包括损坏部位在内。

(3)低硬度材料的取样(<35HRC),可用锯床或手锯切割。而高硬度试样用砂轮切割机床取样。取样时对试样应适当冷却,防止试样发生组织转变。

(4)小型、薄型试样及要保留边缘的化学热处理试样要用镶切机镶嵌后磨制。

2)试样的磨制

磨制是为了将形状极不规则而且表面粗糙的试样,通过粗磨及细磨,制出平整光洁的检查面,为随后的抛光作好准备。

(1)粗磨:对于不同材料的各种试样应采用不同的粗磨方法。对硬性材料多采用砂轮磨平法,而对于软性材料(如铝、铜及其合金等)则采用锉刀锉平法。对于不需要观察边缘的试样应将其棱角或尖锐部分磨掉。磨制时,应使试样的磨削面与砂轮侧面保持平行,并平稳地与砂轮相接触,并且施加压力要均匀。在磨制过程中,试样应平行砂轮径向缓缓移动,以免被砂轮磨出沟痕而导致试样的凸凹不平,同时要注意试样应及时入水冷却,以保证其磨面不会受热而引起组织变化。

（2）细磨：细磨主要是消除粗磨时遗留下来的较深磨痕，一般分手工磨和机械磨两种。手工磨是在一系列不同粗细的砂纸上进行，磨制方法是将砂纸平放在平面玻璃板上，用手作单向磨动，当磨痕全部清除后，再更换砂纸。砂纸从粗到细按下列顺序进行：$280^{\#}—320^{\#}—400^{\#}—500^{\#}—600^{\#}—800^{\#}—1000^{\#}$。每换一次砂纸需将试样进行一次清理，避免将砂粒带到新换的砂纸上，同时将试样转动 90°，使磨动方向垂直于原来的磨痕，依次进行，直到试样的磨削面达到抛光所需的粗糙度为止。

机械磨是将各种不同型号的砂纸，紧固在磨盘上，开动机器后进行试样的细磨。操作与砂纸的更换和手工磨制的注意事项相同。也可在金刚砂蜡盘上进行。金刚砂蜡盘通常采用金刚砂，效率高，但要特别注意安全。

3）试样的抛光

经细磨后的试样在抛光机上抛光除去表面剩余划痕，其目的在于得到所要求的光滑表面。

（1）抛光材料：一般选用 Al_2O_3、Cr_2O_3 作为抛光粉，粒度为 $800^{\#} \sim 1000^{\#}$。

（2）抛光织物：粗抛用帆布，细抛用丝绒、呢绒等。

4）试样的浸蚀与保存期

经抛光的试样在未浸蚀状下，在显微镜下只能鉴别出某些缺陷，如空洞、裂纹和一些非金属夹杂物的分布情况。如果鉴别材料的组织结构，则需要对试样进行浸蚀。操作方法如下：

（1）试样在浸蚀前应彻底洗净，表面不得有油污及指印。

（2）试样在浸蚀时应在浸蚀器具中摇动，磨面不要与器具底接触。

（3）浸蚀时，以试样表面略显颜色即可，宁可浸蚀浅些，不要浸蚀深了再抛光。

（4）常用的浸蚀剂有：体积分数为 2%～10%硝酸酒精溶液（一般以 4%最常用），用于显示马氏体、索氏体、碳化物形状、高速钢淬火与回火组织。为了快速显示高速钢淬火晶粒度，可用质量分数为 5%的三氯化铁酒精溶液浸蚀。体积分数为 4%的苦味酸酒精溶液用于碳钢、合金钢的退火组织浸蚀。

经浸蚀后的试样，必须用水洗净或再用酒精排水、吹干，放入干燥罐中保存。

5.4.3 硬度测量及测量仪器

硬度的表示方法有布氏硬度、洛氏硬度、维氏硬度。下面着重讲解布氏硬度与洛氏硬度的测量。

1. 布氏硬度

1）布氏硬度试验的基本原理

布氏硬度试验是用一定直径的球体（钢球或硬质合金球），以相应的试验力压入试样表面，保持规定时间后卸除试验力，测量试样表面的压痕直径，来计算硬度的一种压痕硬度试验，如图 5-7 所示。

布氏硬度值等于试验力 F 除以钢球压痕单位表面积所得的商，用符号 HB 来表示。其计算公式为：

$$HB = 0.102 \times \frac{2F}{\pi D(D - \sqrt{D^2 - d^2})}$$

式中：HB——用钢球或硬质合金球试验时的布氏硬度值；

F——试验力（N）；

D——钢球直径(mm);

d——压痕平均直径(mm)。

由上式可以看出,当外载荷(F)、球体直径(D)一定时,压痕平均直径(d)越小,布氏硬度值越大,也就是硬度越高。而在实际应用中,布氏硬度一般不用计算,而是用专用的带刻度放大镜量出压痕直径(d),根据压痕直径的大小,再从专门的硬度表中查出相应的布氏硬度值,如图 5-8 及表 5-7 所示。

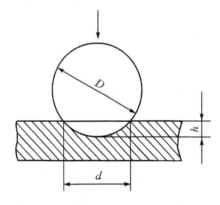

图 5-7 布氏硬度试验原理图

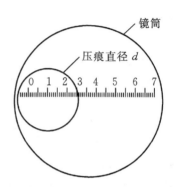

图 5-8 测量压痕直径的示意图

表 5-7 各类材料的布氏硬度值与 F/D^2 的关系

材料	布氏硬度 HBS	F/D^2
钢及铸铁	<140	10
	140~450	30
铜及其合金	<35	5
	35~130	10
	>130	30
轻金属及其合金	<35	2.5(1.25)
	35~80	10(5 或 15)
	>80	10(15)
铅、锡		1.25(1)

注:1. 当试验条件允许时,应尽量选用直径为 10 mm 的钢球;

2. 当有关标准中没有明确规定时,应使用无括号的 F/D^2 值。

2)布氏硬度的表示方法

布氏硬度的表示方法规定为:当试验的压头为淬硬钢球时,其硬度符号用 HBS 表示;当试验压头为硬质合金球时,其硬度符号用 HBW 表示。符号 HBS 或 HBW 之前的数字为硬度值,符号后面按"球体直径/试验载荷/保持时间(10~15 s 不标注)"的顺序用数值表示试验条件。

例如:170HBS10/1000/30,表示用直径 10 mm 的淬硬钢球,在 9807 N(1000 kgf)的试验载荷作用下,保持 30 s 时,测得的布氏硬度值为 170。

530HBW5/750,表示用直径 5 mm 的硬质合金球,在 7355 N 的试验载荷作用下,保持 10～15 s时,测得的布氏硬度值为 530。

3)布氏硬度的特点和应用

布氏硬度试验由于压痕较大,故测得的值比较精确。并且 HB 与 σb 之间有一定的近似关系。因此,可按布氏硬度值近似地确定金属材料的抗拉强度。

布氏硬度与材料抗拉强度的关系:

$$\sigma b = k\mathrm{HB}$$

式中:k——常数。如低碳钢 $k=0.36$,高碳钢 $k=0.34$ 等。

由于布氏硬度(HBS)试验是采用淬硬钢球作压头的,如被试金属硬度过高,将会使钢球本身变形,影响硬度值的准确性并损坏压头。所以,布氏硬度只适用于测定小于 450HBS 的金属材料,如铸铁、非铁金属及其合金、各种退火及调质的钢材,特别对软金属,如铝、铅、锡等更为适宜。另外,也正因为其试验压痕较大,故它不适于测定成品及薄片。

4)布氏硬度计

(1)结构:

TH600 布氏硬度计外观结构见图 5-9;操作键盘见图 5-10;电源线插座及开关位置示意图见图 5-11。

图 5-9 TH600 布氏硬度计

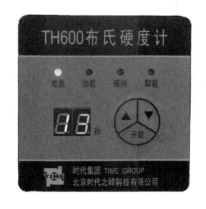

图 5-10 操作键盘

图 5-11 电源线插座及开关位置示意图

(2)主要性能参数:

• 试验力:1839 N(187.5 kgf),2452 N(250 kgf),7355 N(750kgf),9807 N(1000 kgf),29420 N(3000 kgf);

• 压头球直径:2.5 mm,5 mm,10 mm;

• 试验力保持时间:6～99 s,可设置;

· 垂直方向最大测试空间：230 mm；

· 水平方向压头轴线距前壁：120 mm；

· 工作电源：220 V/50 Hz。

(3)操作使用方法：

①测试准备。

接好电源线，打开电源开关，电源指示灯亮。试验机进行自检、复位，显示当前的试验力保持时间，该参数自动记忆关机前的状态，如图 5-10 所示。

②安装压头。

选取要使用的压头，用酒精清洗其粘附的防锈油，然后用棉花或其他软布擦拭干净，装入主轴孔内，旋转紧定螺钉使其轻压于压头尾柄之扁平处；同时将试样平稳、密合地安放在样品台上。顺时针转动升降手轮，使样品台上升，试样与压头接触，直至手轮与螺母产生相对滑动（打滑），最后将压头紧定螺钉旋紧。

③选择试验力。

硬度计能提供 5 种试验力供选用，共有砝码 7 个，其中 1 个 1.25 kg 砝码，1 个 5 kg 砝码，5 个 10 kg 砝码，见图 5-12。通过砝码的组合来实现 5 种试验力，详见表 5-8。

图 5-12　硬度计砝码

表 5-8　试验力与砝码组合

试验力（N）	对应的公斤数	砝码组合
1839	187.5	吊挂
2452	250	吊挂+1.25 kg 砝码 1 个
7355	750	吊挂+1.25 kg 砝码 1 个+10 kg 砝码 1 个
9807	1000	吊挂+1.25 kg 砝码 1 个+10 kg 砝码 1 个+5 kg 砝码 1 个
29420	3000	吊挂+1.25 kg 砝码 1 个+10 kg 砝码 5 个+5 kg 砝码 1 个

④试验力保持时间设置。

对于常见材料,试验力保持时间一般为 10~15 s,也可以根据需要自行设置。本机设置范围可达 6~99 s 供选用。按图 5-10 中"△"或"▽"键,来设置保持时间。

⑤试验。

将被测试样放置在样品台中央,顺时针平稳转动手轮,使样品台上升,试样与压头接触,直至手轮与螺母产生相对滑动(打滑),即停止转动手轮。

此时按"开始"键,试验开始自动进行,依次自动完成以下过程:试验力加载指示灯亮;试验力完全加上后开始按设定的保持时间倒计时,保持该试验力(保持指示灯亮);保持时间到后立即开始卸载(卸载指示灯亮),完成卸载后恢复初始状态(电源指示灯亮)。

⑥检验并确定试验结果。

逆时针转动手轮,样品台下降,取下试样,用读数显微镜测量试样表面的压痕直径,按公式计算或查硬度表确定硬度值。

⑦关机。

卸除全部试验力,关闭电源开关。若长期不用,应拔掉电源连线,取下压头、砝码等,妥善存放。

2. 洛氏硬度

1)洛氏硬度测试的基本原理

洛氏硬度同布氏硬度一样也属于压入法,但它不是测定压痕面积,而是根据压痕变形深度来确定硬度值指标的。

洛氏硬度值用符号 HR 表示,符号后面的字母表示所使用的标尺,字母前面的数字表示硬度值。例如 50HRC,表示用 C 标尺测定的洛氏硬度值是 50。

洛氏硬度试验所用压头有两种:一种是顶角为 120° 的金刚石圆锥体(用于 A 标尺和 C 标尺);另一种是直径为 1/16 in(1.588mm)或 1/8 in(3.176 mm)的淬硬钢球(用于 B 标尺)。前者多用于测定淬火钢等较硬的金属材料硬度,后者多用于退火钢、非铁金属等较软的金属材料的硬度测定。

洛氏硬度测定时,需要先后两次施加载荷(预载荷和主载荷),加预载荷的目的是使压头与试样表面接触良好,以保证测量结果准确。图 5-13 所示为洛氏硬度测试原理图。图中 0-0 位置为未加载荷时的压头位置,1-1 位置为加预载荷后的位置,此时压入深度为 h_0,2-2 位置为加主载荷后的位置,此时压入深度为 h_1,卸除主载荷后,由于弹性变形恢复而稍提高到 3-3 位置(弹性恢复的回升高度为 h_2),此时压头的实际压入深度为 h,洛氏硬度就是以主载荷所引起的残留压入深度 h 来表示的。计算公式如下:

$$HR = K - \frac{h}{0.002}$$

式中:HR——洛氏硬度值;

K——常数;采用金刚石圆锥时 $K=100$(用于 HRA、HRC);采用淬硬钢球时 $K=130$(用于 HRB)。

常用的是 A、B 和 C 三种标尺的洛氏硬度。分别用 HRA、HRB 和 HRC 表示,其中 HRC 应用得最广泛。

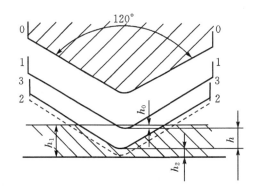

图 5-13　洛式硬度测试原理图

2）洛氏硬度的特点和应用

洛氏硬度测试可直接从刻度盘上读出硬度值，操作简便迅速，测试的硬度值范围大，可测定成品及薄工件。在材料内部组织不均匀时，需在被测工件表面上的不同部位测试数次，从第二次测试开始取其算术平均值，作为所测洛氏硬度值。

3）洛氏硬度计

（1）洛氏硬度计结构

TH500 洛氏硬度计外观见图 5-14，硬度指示刻度盘见图 5-15。

图 5-14　TH500 洛氏硬度计

图 5-15　硬度指示刻度盘

（2）主要性能参数：

- 初试验力：98.1 N（10 kgf）；
- 总试验力：588.4 N（60 kgf），980.7 N（100 kgf），1471 N（150 kgf）；
- 洛氏硬度标尺刻度：HRC：0～100，HRB：0～100；
- 测试分辨率：0.5 洛氏单位；
- 垂直方向最大测试空间：200 mm；
- 水平方向压头轴线距前壁：160 mm。

（3）操作使用方法：

①测试准备。

根据被测试样的材质、硬度范围选用硬度标尺，从而选择试验参数。表5-9为本机可测的标尺参数及适用材料。

表 5-9 洛氏硬度计标尺参数及适用材料

标尺	压头	试验力/N		硬度指示刻度	刻度范围	常用范围	应用材料举例
		初试验力	总试验力				
HRA	金刚石圆锥压头	98.1	588.4	C(黑)	0～100	20～88	硬质合金、表面渗碳淬火钢
HRB	∅1.5875 mm 球压头	98.1	980.7	B(红)	0～100	20～100	软钢、铝合金、铜合金、可锻铸铁
HRC	金刚石圆锥压头	98.1	1471	C(黑)	0～100	20～70	淬火钢、调质钢、合金钢

②安装压头。

压头安装在主轴孔中，安装压头时必须保证主轴孔、端面、压头尾柄和轴肩清洁无异物。安装时先用压头紧定螺钉轻轻顶在尾柄平面处，然后加载主试验力，当总试验力全部加上后，即在保持总试验力的状态下，旋紧压头紧定螺钉，最后卸载，压头安装完成。

③试验力的选择。

试验力的选择通过硬度计右侧试验力选择旋钮进行，见图5-16。可以选择588.4 N（60 kgf），980.7 N（100 kgf），1471 N（150 kgf）三种试验力。注意：试验力的切换必须是在卸载状态下进行，否则可能损坏压头。

图 5-16 试验力选择钮

④硬度测试。

首先将被测试样平稳放在样品台上，使试样与样品台表面紧贴，然后顺时针旋转升降手轮使样品台上升；试样与压头接触后继续旋转手轮，直到硬度指示表盘中小指针对准红点处，大指针处于刻度C或B附近，偏移不超过±5个硬度值；拨动表盘调整把手，使大指针对准C或B刻度线，见图5-17，否则应更换测试位置，重新开始。

其次,将加载手柄推向加载方向,施加主试验力,直到指针转动变慢,基本不动,总试验力保持时间应在 2~6 s 范围内。高硬度值的试样保持时间可以取短,低硬度值的试样一般宜取长。然后将加载手柄扳回到卸载位置,卸除主试验力。

按大指针的指示刻度读取硬度值。当测试 HRC、HRA 标尺时按刻度表外圈标记为 C 的黑字读数;当测试 HRB 标尺时按刻度表内圈标记为 B 的红字读数。如图 5 - 18 所示,当测试 HRC(即试验参数为金刚石圆锥压头,试验力 1471 N)时硬度值为 57.0HRC;如果是测试 HRA(即试验参数为金刚石圆锥压头,试验力 588.4 N),则硬度值为 57.0HRA;如果是测试 HRB(即试验参数为 ∅1.5875 mm 球压头,试验力 980.7 N),则硬度值为 87.0HRB。

最后,降下样品台,卸载全部试验力,测试完毕。

图 5 - 17　调整　　　　　　　　　　　　　　　　图 5 - 18　测试

(4)注意事项

一般情况下,当更换压头、样品台或试样后,前 1~2 次测试无效,后几次测试取平均值,较为准确。

在凸圆柱面、凸球面上测试的结果应按 GB/T 230.1—2002《金属洛氏硬度试验 第 1 部分:试验方法(A、B、C、D、E、F、G、H、K、N、T 标尺)》中的相关规定进行修正。

▶ 5.4.4　热处理常见缺陷及预防和补救

1. 钢的加热缺陷及防治措施

热处理过程中,常见的加热缺陷有欠热、过热、过烧、氧化、脱碳、变形和开裂等。

1)欠热、过热、过烧

(1)欠热:即加热不足,是由于加热温度过低或加热时间太短,未充分进行奥氏体化而引起的组织缺陷。

(2)过热:是工件加热温度偏高使晶粒过度长大,以致力学性能显著降低的现象。它是一种由于加热温度过高或保温时间太长,使奥氏体晶粒剧烈长大而产生的组织缺陷。它能导致工件冷却后组织粗大化,力学性能变坏。一般热处理后实际晶粒度在四级以上者为过热。

(3)过烧:工件加热温度过高,使晶界氧化和部分溶解的现象称为过烧。过烧不仅使奥氏体晶粒剧烈粗化,而且晶界也被严重氧化甚至局部融化,造成工件报废。

造成欠热、过热、过烧的主要原因可能是工艺不合理,操作不当,也有可能是测温、控温仪表失灵造成。对欠热、过热组织可用正火或退火的返修方法来消除。而过烧工件只能报废。

2)氧化和脱碳

(1)氧化:金属加热时,介质中的氧、二氧化碳和水蒸气等与金属反应产生氧化物的过程称为氧化。也就是钢的表面与加热介质中的氧、氧化性气体、氧化性杂质相互作用形成氧化铁的过程。氧化铁的形成会使工件尺寸减小,表面粗糙度值增加,严重时甚至会影响淬火时的冷却速度,造成软点或硬度不足。

(2)脱碳:脱碳是钢表层的碳被氧化烧损,使表层碳的质量分数降低的一种现象。脱碳会使钢表层碳质量分数下降,从而导致钢件淬火后表层硬度不足,疲劳强度降低,而且常使钢在淬火时容易形成表面裂纹。

为了防止氧化、脱碳,可以采用保护气氛加热、真空加热以及在工件表面涂涂料或包装加热等来防止氧化、脱碳。盐浴加热也可以采用盐浴校正剂的方法防止氧化、脱碳。

3)开裂和变形

工件在热处理过程中,有可能产生开裂、变形,主要原因是热应力,同时也与工件装炉方式有关。工件在加热过程中,工件内的热应力如果超过工件材料的屈服强度,将产生变形;如果超过抗拉强度极限时,将产生开裂。为了防止变形与开裂,对截面薄厚相差悬殊及导热性差的工件,应尽可能的控制加热温度;对大截面、存在残留内应力的铸、锻件应采用分段预热式加热;采用正确的装炉方式。

2. 钢的淬火缺陷及其防止措施

变形与开裂是淬火中最容易形成的缺陷,而工件内部产生的内应力是导致变形与开裂的主要原因。

钢件在加热和冷却过程中会产生内应力,内应力包括热应力及相变应力,当内应力超过工件材料的屈服强度,将产生变形;如果超过抗拉强度极限时,将产生裂纹。

1)淬火变形

淬火变形的形式有两种:一种是工件几何形状的变化,它表现为尺寸及外形的变化,称为挠曲或扭曲,系淬火应力所致;另一种是体积的变化,它表现为工件体积按比例胀大或缩小,系相变时的质量体积变化引起的。

(1)淬火变形趋向:热应力变形趋向表现为工件沿轴向缩短,平面凸起,棱角变圆。相变应力引起的变形趋向表现为工件沿最大尺寸方向伸长,力图使平面内凹,棱角突出。组织转变造成的变形趋向表现为工件体积在各个方向上作均匀的膨胀与缩小。但对带有圆孔的工件(尤其是壁厚较薄工件)当体积增大或缩小,往往是高度、外径和内腔等尺寸均同时增大或缩小。

(2)影响淬火变形的因素:影响淬火变形的因素有钢的成分及原始组织、零件的几何形状,以及热处理工艺本身等。钢的化学成分中的含碳量对淬火变形影响最大,含碳量越高,因组织转变而引起的体积变化和因相变应力而引起的淬火变形就越大;钢的原始组织不同,质量体积也就不同,淬火后,钢的体积变化就不同;零件尺寸及形状对变形的影响是工件壁厚越大,在一定条件下其淬透层越浅,热应力作用就越大,反之则以相变应力变形为多;热处理工艺对淬火变形的影响是因为提高淬火温度会使热应力和相变应力都相应增加,因而使零件变形增大。

2)淬火裂纹

淬火裂纹多数在淬火冷却后期产生。常见的裂纹有以下几种:

(1)纵向裂纹:工件的纵向裂纹又称轴向裂纹,它多发生于全部淬透的工件上,往往由于冷却过快,相变应力过大而形成。

(2)横向裂纹:横向裂纹又称弧形裂纹。产生于淬透层与未淬透心部间的过渡区。截面较大的工件容易产生横向裂纹。此外,一些带有尖角、凹槽及孔的工件也会由于冷却不均匀及未能淬透而产生这类裂纹。

(3)应力集中裂纹:有些工件由于结构上的需要,或者设计不合理而带有尖角、切口、凹槽等,这些部位常常会引起应力集中,再加上淬火冷却时的不均匀,就会导致在这些部位引起裂纹。

(4)网状裂纹:网状裂纹是一种表面裂纹,深度较浅,一般在 0.01~2 mm 范围内。裂纹往往向任意方向构成网状,与工件的外形无关。

(5)淬火过热裂纹:淬火加热温度过高必然引起奥氏体晶粒粗大,钢件强度和塑性降低,在同样的冷却条件下,裂纹形成倾向大,特别在剧冷时,最易开裂。

3)防止淬火变形和开裂的措施

要减少和防止淬火变形和开裂必须做到:

(1)合理的设计零件结构。

(2)合理选择工件材料。

(3)制定合理的热处理要求。

另外,在热处理方面还必须注意以下几点:

①合理选择加热温度:在保证淬硬的前提下,尽量选择低一些的淬火温度。但对于高碳合金钢工件,可适当提高淬火温度来控制淬火变形,对厚度较大的高碳钢工件也可适当提高淬火温度来防止弧状裂纹。

②合理进行加热:应尽量做到加热均匀,减少加热时的热应力。对一些大截面、形状复杂、变性要求高的工件需要经过预热或者限制加热速度,并且工件在炉内应自由悬挂,禁止外力强制装夹。

③正确选择冷却方法和冷却介质:尽可能选用预冷淬火、分级淬火和分级冷却方法。预冷淬火对细长和薄壁工件减少变形有较好的效果,对厚薄悬殊工件,在一定程度上可以防止开裂。对于形状复杂、截面相差悬殊的的工件,采用分级淬火较好。

④正确掌握淬火方法:正确选择淬入介质的方式,保证工件得到最均匀的冷却并沿着最小阻力方向淬入淬火介质,将冷却最慢的面朝着淬火介质的液面运动。当工件冷至 Ms 点以下时,应停止运动。

3. 感应加热淬火缺陷的分析和预防方法

1)硬度不足或软点、软带

(1)淬火件含碳量过低:应预先化验材料化学成分,保证淬火件 w_C 大于 0.4%。

(2)表面氧化、脱碳严重:淬火前要清理零件表面的油污、斑迹和氧化皮。

(3)球墨铸铁件原始组织中珠光体量太少:球墨铸件感应加热淬火前需正火处理,使珠光体体积分数大于 70%。

(4)加热温度太低或加热时间太短:正确调整电参数和感应器与工件间的相对运动速度,以提高加热温度和延长保温时间。可以返淬,但返淬前应进行感应加热退火。

(5)感应圈高度不够或感应器中有氧化皮:适当增加感应器高度,经常清理感应器。

(6)汇流条之间距离太大:调整汇流条之间距离 1~3 mm。

（7）零件旋转速度和零件（或感应器）移动速度不协调而形成软带：调整零件转速和零件（或感应器）移动速度，当零件移动速度为 $1\sim24$ mm/min 时，零件转速 $n=60$ r/min 即可避免淬火软带的形成。

（8）冷却水压力太低或冷却不及时：增加水压，加大冷却水流量，加热后及时喷水冷却。

（9）零件在感应器中位置偏心或零件弯曲严重：调整零件和感应器的相对位置，使各边间隙相等；若是零件弯曲厉害，淬火前应进行校直处理。

（10）淬火介质中有杂质或乳化剂老化：更换淬火介质。

2）淬硬层深度不足

（1）频率过高导致涡流透入深度过浅：调整电参数，降低感应加热频率。

（2）连续淬火加热时零件与感应器之间的相对运动速度过快：可采用预热-加热淬火。

（3）加热时间过短：可以返淬，但返淬前应进行感应加热退火。

3）淬硬层剥落

产生的原因是表面淬硬层硬度梯度太大，或硬化层太浅，表层马氏体组织导致体积膨胀等。应对措施是正确调整电参数，采用预热-加热淬火，加大过渡层厚度。

4）淬火开裂

（1）钢中碳和锰的含量偏高：碳和锰的含量不应超过上限。可在试淬时调整工艺参数，也可调整淬火介质。

（2）钢中夹杂物多、呈网状或成分有偏析或含有有害元素多：对于高碳钢或高碳合金钢感应加热淬火前需进行球化退火，检查非金属夹杂物含量和分布状况，毛坯需进行反复锻造。

（3）倾角处或键槽等尖角处加热时出现瞬时高温而淬裂：轴端留非淬区；尖角倒圆，淬火前用石棉绳或金属棒料堵塞沟槽、孔洞。

（4）冷却速度过大而且不均匀：降低水压，减少喷水量，缩短喷水时间。

（5）淬火介质选择不当：改用冷却能力低的淬火剂。用油、聚乙烯醇水溶液或其他乳化剂作为合金钢淬火剂。

（6）回火不及时或回火不足：淬火后应及时回火，淬、回火之间的停留时间，对于碳钢或铸铁件不应超过 4 h，合金钢不应超过 0.5 h。回火不足时，适当延长回火时间。

（7）材料淬透性偏高：可以选用冷却速度慢的淬火介质。

（8）返修件未经退火或正火：返修件必须经过退火、正火后，才能再次感应加热淬火。

（9）零件结构设计不合理或技术要求不当：建议设计部门修改不合理的结构设计，提出切实可行的工艺要求。

5）淬火畸变

（1）轴杆类零件

①硬化层不均匀：硬化层不均匀会造成零件弯向淬硬层较浅或无淬硬层一侧。防止方法是工件与感应器同心转动加热淬火，回火后矫直。

②长条形零件淬硬层不对称：预防办法是淬硬层对称，淬、回火后矫直。

（2）齿轮

①圆柱齿轮内孔一般缩小 $0.01\sim0.05$ mm，外径不变或缩小 $0.01\sim0.03$ mm。

应对方法是：在保证淬硬层要求的前提下，采用较大的比功率，缩短加热时间；端面加盖，防止内孔过早冷却；齿坯加工后，先进行一次高频正火，然后加工内孔和铣齿，这样可减少内孔收缩至 0.005～0.02 mm。

②对于内外径之比小于 1.5 的薄壁齿轮,内孔和外径有胀大的趋向,双联齿轮呈喇叭口。只有合理设计,正确安排工艺路线,使齿轮壁厚均匀和形状对称才可避免上述缺陷。

③齿形变化:齿厚一般表现为中间凹 0.002～0.005 mm。预防的方法是选择适当的冷却方法,用较缓和的冷却介质,并且齿轮各部分设计得尽量匀称。

④公法线变化:一般为 0.02～0.05 mm(淬油时倾向胀大,淬水时倾向缩小)。应留磨削余量或增加预收缩量。

⑤内孔键槽畸变:内孔有键槽的齿轮,应先进行齿轮高频淬火,最后插键槽。

5.5 综合实例与操作练习

1. 实例

如图 5-19 所示轴一批,材料为 45 钢,热处理要求:调质(硬度:245～275HBS)。

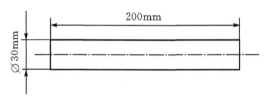

图 5-19 工件尺寸

分析:根据工件外形尺寸,材料及热处理硬度要求,确定热处理工艺为:先淬火,淬火后硬度≥50HRC,再高温回火,达到最终热处理要求。

1)淬火工艺如下

(1)选择加热设备和淬火介质:根据工件材质、尺寸及硬度要求,确定工件的加热设备及淬火介质。

45 钢圆轴,淬火温度为 840～860℃,可选择盐浴炉(最高加热温度为 1000℃,有效加热区尺寸为 400 mm×340 mm×580 mm)作加热设备,选择 NaCl 水溶液作为淬火介质(质量分数为 10%～15%,使用温度低于 50℃)。

(2)装炉前的准备工作及装炉方法:

①操作者必须穿戴好劳保用品,防止盐浴炉盐液和淬火介质溅伤。

②检查加热设备、仪表及淬火介质是否正常。

③绑扎圆轴,当圆轴数量较多时,可用"丁"字架或"十"字架挂具,多件一齐装炉加热。

④圆轴及挂具应充分烘干、预热。对于 45 钢圆轴,可采用 500℃预热。

⑤当加热设备达到设定温度后,关闭电源。将圆轴垂直放入盐浴炉内,接通电源,待炉温重新达到设定温度时开始计算保温时间。

(3)淬火方法:

①圆轴在盐浴炉内保温到时后,将圆轴从炉中吊出,垂直浸入质量分数为 10%～15% 的 NaCl 水溶液中。

②圆轴浸入淬火介质后,应上下窜动(不可前后摆动),以确保圆轴冷却充分。注意圆轴上下窜动范围,向上不得露出淬火介质,向下不得使圆轴碰到淬火介质槽底或杂物。圆轴上下窜动 3～5min 后,即可垂直吊挂在淬火介质中继续冷却,直至冷却至室温。

③将冷却至室温的圆轴自淬火介质中取出,清洗干净。每一炉次抽查 1～2 件,用洛氏硬度计检测硬度。

④根据圆轴最终热处理要求及淬火硬度,确定回火工艺、设备,进行回火。

2)回火工艺如下

(1)确定回火温度:根据圆轴的材质、热处理技术要求和淬火后硬度,可以确定圆轴回火温度为 550～600℃,属于高温回火。

(2)选择加热设备:根据圆轴外形尺寸,可选用 RJJ - 36 - 6 型回火炉,有效工作尺寸为 $\varnothing 500 \times 650$ mm。

(3)选择适当的工装吊具:选用多头挂具,并在圆轴端部缠绕铁丝挂钩,使圆轴垂直吊挂加热。根据井式回火炉工作区域尺寸及圆轴外形,可选择每炉装入数量,圆轴间隔大于 30 mm,垂直吊挂进炉。

(4)检查设备、仪表的运行是否正常:当炉温到达设定温度,关闭电源,打开炉门,将圆轴随吊具垂直装入炉内,关闭炉门,接通电源及循环风机,进行圆轴回火,当设备重新达到设定温度时,开始计算保温时间。

(5)确定保温时间:根据圆轴的装炉量,回火保温时间约为 90～120 min,圆轴在炉内保温时间达到工艺要求后,关闭电源,打开炉门,将圆轴连同吊具一齐垂直出炉,浸入室温清水中。

(6)圆轴冷却至室温,清除表面杂物,每炉抽 1～2 件采用布氏硬度计检测工件硬度。

2. 操作练习

现有 $\varnothing 75 \times 200$ mm,40Gr 轴,要求调质处理,硬度为 245～275HBS。现淬火后,工件硬度检测为 48HRC,试根据所学热处理知识和操作技能,独立完成高温回火工艺。

复习思考题

1. 退火、正火的目的是什么?
2. 淬火的目的是什么?
3. 回火的目的是什么?
4. 如何选择退火和正火?
5. 表面感应加热淬火主要适用于哪些金属材料?
6. 如何选择退火的工艺参数?
7. 如何选择正火的工艺参数?
8. 如何选择淬火的工艺参数?
9. 如何选择回火的工艺参数?
10. 简述感应加热淬火的基本原理。
11. 感应加热淬火的特点是什么?
12. 常用的淬火介质有哪些? 它们各有什么优缺点?

第6章 其他先进成型加工技术简介

6.1 快速成型技术

6.1.1 概述

快速成型技术(rapid protoyping，RP)是 20 世纪 80 年代发展起来的一项先进制造技术，是制造领域的一次重大突破。快速成型技术综合了机械工程、计算机技术、数控技术和材料科学技术，采用增加材料而不是去除材料的方式(也称"增量加工")自动、快速、直接、精确地制造零件或模型，开辟了不用刀具制造零件的新途径。

应用快速成型技术可以显著地缩短新产品开发周期，降低开发费用。同时，基于快速成型技术的快速模具制造、快速精密铸造技术在机械制造以及航空、航天、医学领域得到了较好的应用。

快速成型技术具有如下特点：

(1)高度柔性化。快速成型技术最显著的特点就是制造柔性化，它取消了专用工具，在计算机的管理和控制下可以制造出任意复杂形状的零件，是一个具有高度柔性化的制造系统。

(2)设计制造一体化。快速成型技术另一个显著的特点是 CAD/CAM 一体化。在传统的 CAD/CAM 技术中，由于成型思想的局限性，致使设计制造一体化很难实现。而快速成型技术由于采用了离散/堆积分层制造工艺，能很好地将设计与制造结合在一起。

(3)制造成型快速化。由于快速成型工艺是建立在高度技术集成的基础之上，从 CAD 设计到实体零件的加工完成只需几小时至几十小时，比传统的成型方法要快得多。这一特点尤其适用于新产品的开发过程。

(4)材料应用的广泛性。由于快速成型工艺的成型方式和成型零件用途不同，多种材料得以应用，如金属、塑料、纸、光敏树脂、陶瓷、蜡等材料。

6.1.2 基本原理及工艺过程

任何三维零件都可看成是许多二维平面沿某一坐标方向叠加而成，因此，可先将 CAD 系统内的三维实体模型切分成一系列的平面几何信息，再采用粘接、熔接、聚合作用或化学反应等方法，逐层有选择地固化或粘接材料，从而堆积形成所需形状的实体零件或模型。

不同的快速成型技术的制造工艺方法不尽相同，但其基本思想都是利用计算机将复杂的三维型体转化为二维层，然后由点/线构成面(层)，逐层成型得到最终的三维零件模型。快速成型基本原理如图 6-1 所示。

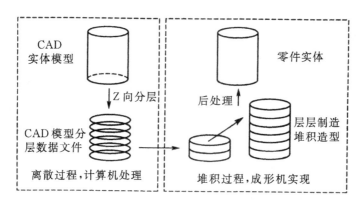

图 6-1 快速成型原理

运用快速成型技术快速制造原型零件,其工艺过程可归纳为以下步骤:

(1)前处理。包括工件三维模型的 CAD 设计(或利用扫描反求方法获得零件三维数据信息)、成型方向的选择和三维模型的分层处理。

(2)分层叠加成型。它是快速成型的核心,包括模型截面轮廓的制作和截面轮廓的叠加成型。

(3)后处理。包括原型零件的剥离(去除支撑)、后固化、修补、打磨抛光和表面强化处理。

快速成型的工艺过程如图 6-2 所示。

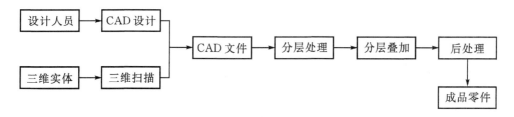

图 6-2 快速成型的工艺过程

6.1.3 典型工艺及特点

随着 RP 技术的发展,已经有几十种 RP 工艺方法相继出现并逐渐成熟,其中以光固化成型(SLA)、叠层实体制造(LOM)、选择性激光烧结(SLS)、熔丝堆积成型(FDM)四种工艺在实际中应用最为广泛和成熟。以下分别介绍它们的具体工艺方法及特点。

1. 光固化成型(stereo lithography apparatus,SLA)

光固化成型也称光敏液相固化、立体印刷和立体光刻,是最早出现的、技术最成熟和应用最广泛的快速成型技术,是由美国 3D Systems 公司在 20 世纪 80 年代后期推出的。

光固化成型工艺是基于液态光敏树脂的光聚合原理实现的,这种液态材料在一定波长和功率的紫外光的照射下能迅速发生光聚合反应,相对分子质量急剧增大,材料就从液态转变成固态。

1)光固化成型的工艺过程

成型设备的树脂槽中盛满液态光敏树脂,由激光器发出的紫外激光束在偏转镜的作用下,可在光敏树脂液面进行扫描,扫描轨迹及光线的有无均按照零件的各层分层信息由计算机控制,被光点扫描到的地方树脂就固化。成型开始时,可升降工作台处于液面下一个截面层厚的高度(约0.1 mm),聚焦于液面的激光束在计算机的控制下沿液面进行扫描,被激光照射到的树脂固化,未被照射到的树脂仍呈液态,一层扫描完成后,即得到该截面轮廓的塑料薄片。然后工作台降低一个层厚的高度,已固化树脂的层面上又覆盖一层液态树脂,以便进行第二层激光扫描固化,新固化的一层牢固地粘接在前一层上,如此反复直到整个三维零件制作完成。最后工作台升出液面,即可取出零件,进行进一步的后期处理。整个成型过程如图6-3所示。

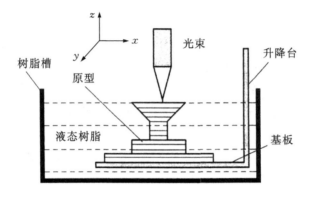

图6-3 光固化成型过程

2)光固化成型的工艺特点

• 系统分辨率较高,可成型结构复杂和精细的零件,特别是内表面形状复杂的零件,可以一次成型。

• 成型精度高,表面质量较好,尺寸精度可达到±0.1 mm,成型零件可一定程度地代替塑料制品。

• 材料利用率高,基本可达100%。

• 由于设备和材料价格昂贵,故加工成本较高。

• 受光敏材料性能的局限,成型零件较脆,容易断裂,不宜进行机械加工,也不宜进行抗力和热的测试。

• 光敏树脂具有一定毒性,对人体有害,对环境会造成污染。

2. 叠层实体制造(laminated object manufacturing,LOM)

叠层实体制造也称分层实体制造、薄片分层叠加成型,是几种较成熟的快速成型技术之一,由美国Helisys公司于1986年研制成功。

叠层实体制造工艺采用涂覆热熔胶的薄片材料作为成型材料,用激光在计算机控制下按照CAD分层轨迹切割片材,通过热压使当前层与已成型的工件层黏结,从而堆积成型。

由于叠层实体制造技术多使用纸张作为成型材料,成本低、精度高,制成品具有木质的美感及一些特殊品质,因此在产品概念设计、造型设计和砂型铸造木模等方面得到了迅速应用。

1)叠层实体制造的工艺过程

叠层实体制造设备由计算机、材料存储及输送机构、热粘压机构、激光切割系统、升降工作台和数控系统等组成,工作原理如图 6-4 所示。工作时,供料机构将底面涂有热熔胶的箔材(如纸、金属箔、塑料薄膜等)一段段地送至工作台的上方,激光切割系统按照计算机提取的零件分层横截面轮廓信息,用 CO_2 激光束对箔材进行轮廓切割,并将箔材无轮廓区切割成网状碎片,热压机构将一层层箔材压紧黏结在一起,工作台支撑正在成型的工件,并在每层成型之后,降低一个箔材的厚度。如此重复送料、热压、切割过程,直至零件所有截面切割、黏结完成,最后在工作台上形成由许多小废料块包围的三维零件。将零件内外多余的废料小块去除,即可得到最终的产品。

叠层实体制造的关键技术是控制激光功率和切割速度,以保证良好的切口质量、准确的切割厚度和较高的加工效率。另外,还要对激光切口宽度进行自动补偿,以保证实际切得的轮廓线与理论轮廓线相重合。

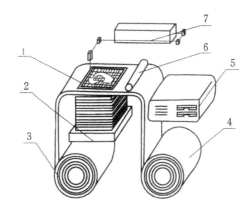

图 6-4　叠层实体制造原理

1—加工平台;2—升降台;3—收纸卷;4—供纸卷;5—计算机;6—热压辊;7—激光器

2)叠层实体制造的工艺特点

• 由于只需使激光束沿轮廓线切割,无需扫描整个断面,所以成型速度较快,加工效率高。零件体积越大,效率越高。

• 成型零件变形小,精度较高,尺寸精度 $X-Y$ 方向可达 $\pm 0.1\sim0.2\,mm$,Z 方向可达 $\pm 0.2\sim0.3\,mm$。

• 成型零件无需固化处理,无需设计和构建支撑结构。

• 材料成本低,废料易处理,无环境污染。

• 可供应用的造型材料种类较少,目前常用的材料只有纸,其他材料尚在研制中。

• 难于构建精细形状的零件,仅适用于简单结构零件。由于内部废料难以去除,也不适于内部结构复杂的零件。

• 成型零件表面有台阶纹,高度等于材料厚度,需进行表面打磨。

• 纸制零件很容易吸潮膨胀,造型后必须立即进行表面防潮后处理。

3. 选择性激光烧结(selective laser sintering,SLS)

选择性激光烧结成型技术也称为选区激光烧结技术,由美国德克萨斯大学奥斯汀分校的 C. R. Dechard 于 1989 年研制成功,现已被美国 DTM 公司开发为商品化产品。

选择性激光烧结成型工艺是利用粉末材料(金属粉末或非金属粉末)在激光照射下烧结的原理,在计算机控制下层层堆积成型。选择性激光烧结(SLS)与光固化成型(SLA)十分相似,主要区别在于使用的材料及其形状不同。SLA 使用的是液态光敏树脂材料,而 SLS 使用的是金属或非金属粉末材料。

1)选择性激光烧结成型的工艺过程

烧结过程开始后,先由供料机构在工作台上铺一薄层粉末,再由加热系统将粉末加热至稍低于其熔点下的某一温度,计算机控制激光束按照该层的截面轮廓对实心部分所在的粉末进行扫描,使该部分粉末的温度升高熔化而形成一层固体轮廓。一层烧结完成后,工作台下降一个粉末层度厚,再铺上一层粉末,进行新一层的烧结,新的烧结层与下面已成型部分牢固熔接,如此循环,直至形成整个零件。在成型过程中未烧结的粉末对成型零件起支撑作用,因此,不必另行设计和构建支撑结构。

成型过程全部完成后,粉末及零件经过一段时间的冷却,即可从粉末中取出造型零件,未经烧结的粉末基本可自行脱落,并可重复使用。选择性激光烧结的成型原理如图 6-5 所示。

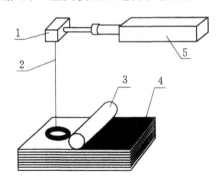

图 6-5　选择性激光烧结的成型原理

1—扫描镜;2—激光束;3—平整辊;4—粉末;5—激光器

2)选择性激光烧结成型的工艺特点

• 可采用多种材料,如绝大多数工程塑料、蜡、金属、陶瓷等,可适用于不同用途,特别是可直接制作金属零件。

• 与其他成型工艺相比,制品强度和硬度较高,可进行功能试验。

• 由于未烧结的粉末对零件的空腔或悬臂有支撑作用,故无需另行设计和构建支撑结构。

• 由于无需支撑,也不产生废料,所以材料利用率高,接近 100%。

• 由于要将粉末加热到熔点以下温度,成型结束后还需要较长的冷却时间(5～10 h),因此,整个造型过程耗时较长。

• 表面粗糙度受粉末粒度大小及激光点的限制,制品表面较粗糙,且一般呈多孔性。在使用某些材料时(如陶瓷、金属与黏结剂的混合粉末),为获得光滑表面,必须进行较复杂的后处理。

• 会产生有毒气体,对环境有污染。

4. 熔丝堆积成型(fused deposition modeling,FDM)

熔丝堆积成型也称为熔融沉积、熔积成型,由美国学者 Dr. Scott Crump 于 1988 年研制成功,并由美国 Stratasys 公司推出商品化的产品。

熔丝堆积成型工艺是利用热塑性材料的热熔性、黏结性,在计算机控制下分层堆积成型。该成型技术不使用激光作为成型能源,成型设备价格低廉,工作可靠,维护简单,加之以热塑性塑料作为主要造型材料,材料价格也较低,因而综合制造成本相对较低。目前 FDM 快速成型技术发展迅速,借助其设备和材料成本优势,除多用于产品开发和医学医疗领域外,也已快速向民用领域发展。

1)熔丝堆积成型的工艺过程

顾名思义,熔丝堆积成型是使丝状热熔性材料熔化后堆积成型的。成型时,预先制成细丝的成型材料由供丝机构输送到有加热器的喷头中,喷头将丝状材料加热并控制在始终稍高于固化温度,喷头在计算机的控制下,根据零件的截面轮廓信息作平面运动,熔化的材料从喷头被挤出,有选择地涂覆在工作台(或已成型的前一层面)上,快速冷却后形成一层薄片轮廓。一层截面成型完成后,工作台下降一个层厚高度,再进行下一层熔覆,如此重复,最终形成完整的三维零件。

熔丝堆积成型工艺技术的关键,是精确地控制喷头加热温度,使从喷头挤出的材料温度稍高于材料凝固点温度(通常控制在比凝固点温度高 1 ℃),以保证挤出的熔融材料能与已固化层材料可靠黏结并快速凝固。

熔丝堆积成型可使用热塑性工程塑料、人造橡胶、蜡等材料,实际应用以 ABS 工程塑料为主。以蜡成型的制品可以直接用于熔模精密铸造的蜡模,而 ABS 材料制品因具有较高的强度,在产品设计、测试与评估等方面得到广泛应用。熔丝堆积成型原理如图 6-6 所示。

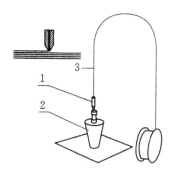

图 6-6　熔丝堆积成型原理
1—喷头;2—成型工件;3—丝料

2)熔丝堆积成型的工艺特点

• 制造系统可用于办公和家庭环境,加工过程干净、简单,不产生垃圾、粉尘和有毒物质。

• 可选用多种材料,材料价格较低,以卷轴线形式供应,便于运送和快速更换。

• 制作周期短,通常小型零件几个小时即可获得成品,基本不需进行后期处理。

• 精度较低,难以构建结构复杂的零件。

• 成型工件沿成型垂直方向强度较低。

• 喷头扫描速度较慢,制作大型零件速度较慢。

6.1.4 应用及发展

除以上介绍的四种典型的快速成型技术以外,还有许多快速成型技术被研究成功并投入应用,如三维印刷(three dimensional printing,3DP)、弹道微粒制造(ballistic particle manufacturing,BPM)、光掩膜法(solid ground curing,SGC)、数码累积成型(digital brick laying,DBL)等技术。

(1)作为制造领域的一次重大技术突破,快速成型技术在工艺和材料方面得到不断发展,并不断扩展应用领域,其主要应用领域如下:

• 工业产品研发。利用设计制造一体化的特点,使得设计理念、造型得以快速实现,成型制品可直接用于设计验证、造型评估、功能测试、装配检验,大大缩短产品研发周期,节约开发成本。

• 快速模具制造。快速成型制品可直接作为高精度模型用于精密铸造,也可基于此技术快速制造模具、电火花加工电极,可显著缩短模具制造周期,降低制造费用。

• 单件和复杂零件直接制造。采用高性能工程塑料,可以直接加工单件塑料零件,也可以采用快速铸造、直接成型等方法获得复杂金属零件。

• 医疗领域。快速成型制品可用于人体器官的教学模型、手术规划与演练模型,也可直接制造植入人体的功能构件。

• 考古及艺术创作领域。快速成型技术还可用于文物复制、修复,建筑模型快速制造,艺术品创作和特种艺术品制造。

快速成型技术自20世纪80年代诞生以来,在理论和应用方面不断发展,新的工艺方法和成型材料层出不穷,应用领域不断扩展。

(2)展望快速成型技术未来的发展,主要集中在工艺方法和成型材料两大领域,具体归纳为以下几个方面:

• 金属零件的直接快速成型制造技术。目前快速成型技术主要用于制造非金属零件,由于非金属材料的强度等机械性能较差,远远不能满足工程实际需求,所以导致其工程化实际应用受到较大限制。探索金属零件直接快速制造的方法已成为快速成型技术的研究热点。

• 改进成型工艺提高制品性能。通过改进和完善现有成型工艺与设备,提高成型零件的成型精度、强度和韧性、表面质量,降低设备运行成本,以满足工程实际要求。

• 快速成型技术与传统制造技术结合。快速成型技术与传统制造技术结合,形成产品快速开发——制造系统,也是目前的一个重要趋势。如快速成型技术与精密铸造技术结合,可快速制造高质量的金属零件。

• 快速成型专用设备开发。根据不同的应用领域和应用场合,开发具有不同特点,满足个性要求的专用快速成型设备。如适合医院、办公室使用的小型便携式成型设备,满足工业制造应用的大型成型设备等。

• 新型成型材料开发及其系列化、标准化。随着快速成型技术应用领域的不断扩展,对成型材料种类、性能和成本也提出了新的要求。另外,因为目前成型材料大多由设备制造厂家单独提供,各厂家的材料性能、价格差异较大,通用性很差,阻碍了快速成型技术的发展。因此,成型材料的系列化、标准化也是成型材料的发展趋势。

6.2　粉末冶金

6.2.1　概述

一般金属与合金制品的生产,其原材料皆始于铸件。铸件的形状可能和制品相似,也可能是铸锭,再经轧制、锻压、挤压、拉拔或类似工艺成型为制造的产品。通常,将这种常规的金属生产方法叫做"铸锭冶金"。

另外一种制作金属制品的方法,是以颗粒状金属,即金属粉末为原料,像生产陶瓷制品一样,经成型、烧结制造成金属制品。这就是所谓的"粉末冶金"。

现在,粉末冶金的定义是:"制造金属粉末和利用金属粉末为基本原料制造金属材料与异形制品的工艺与技术"。

因此,粉末冶金为设计人员生产特殊形状制品提供了另外一种可选择的生产工艺。在许多场合,以粉末冶金工艺替代常规生产工艺,可改进产品质量或降低生产成本。而在另外一些场合,一些金属制品,如硬质合金、烧结金属含油轴承,以及一些新颖、奇异的金属制品,只能采用粉末冶金工艺制作。

本节将简单介绍粉末冶金的生产工艺过程、技术特点及其应用。

6.2.2　基本工艺过程

采用粉末冶金工艺生产金属材料或金属制品,其一般生产工艺是在室温下将金属粉末装于模具中用压机压制成型,即制成"生"压坯,再将压坯于保护气氛或真空中经高温烧结强化,得到粉末冶金制品。典型工艺流程如图 6-7 所示。

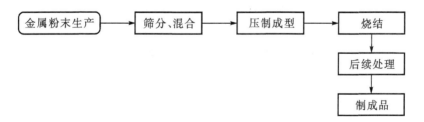

图 6-7　粉末冶金材料和制品生产工艺流程

在以上工艺流程中,各工序的作用分别介绍如下。

1. 金属粉末生产

金属粉末是粉末冶金生产的基本原料,为满足粉末冶金制品生产对金属粉末的各种性能要求,研究开发了多种金属粉末生产方法,其中最主要的金属粉末生产方法有以下几种。

(1)液态金属雾化法。这种方法是利用高速气流或液流冲击液态金属流,将熔融金属粉碎成液滴,经冷却后凝固成金属粉末。对于制取铁、钢粉末,一般用水或油作为冲击流体,而对于一些特殊金属,则采用空气、水蒸气或惰性气体作为冲击流体。此方法是制取金属粉末最广泛的方法。

(2)化学反应法。化学反应法是通过金属的化合物反应制取粉末状金属。最常用的化学反应法是氧化物还原法,常用该方法制取铁粉、铜粉、钴粉、钨粉及钼粉。其他还有用金属置换法制取铜粉、铅粉、银粉,用溶液氢还原法制取镍粉、钴粉等方法。

(3)电解沉积法。电解沉积通常用于给金属零件涂覆金属涂层,如电镀,但通过适当控制沉积条件,也能使金属以粉末状或可以研磨成粉末的疏松粉块状沉积在电解槽的阴极上。使用该方法制取的金属粉末纯度较高,但生产成本也较高。

(4)机械粉碎法。这种方法采用诸如锉削、破碎或粉碎、研磨等机械加工方法,将固态金属制成粉末。该方法只能用于脆性金属或脆性金属化合物,制成的粉末也是脆性的,不能冷压成型,因此,机械粉碎法在金属与合金粉末生产中较少使用。

用于粉末冶金的金属与合金粉末,其主要技术参数有颗粒形状、粒度与粒度分布、化学成分、颗粒的显微组织结构、粉末的松装密度和振实密度等。

目前,作为粉末冶金原料的各种金属与合金粉末,均由专业厂家生产,粉末冶金制品加工单位可以根据需要,在市场上采购金属粉末原料。

2. 筛分与混合

在本工序中,先用筛子将金属粉末筛分成不同粒度范围,再依据用途将它们按所需比例进行混合,制备成单一成分的粉末。然后,将所需各种粉末进行机械混合,以制成无偏析的均匀混合粉料。其中包括基本原料粉末(如铁粉、铜粉等)、用于合金化的金属与非金属粉末(如镍粉、钼粉、石墨粉等)和压制时起润滑作用的添加剂粉末等。

3. 压制成型

压制成型工序是采用不同工艺方法将混合后的松散粉末进行预固结的过程,是粉末冶金的一个重要工序。压制成型的目的是获得具有所需几何形状和一定强度、密度的粉末压坯,压坯的质量将影响零件的烧结、零件的最终强度以及压坯尺寸在烧结过程中是否发生明显变化。压坯可能是坯料,也可能其形状与制品相近或相同。

最常用的压制成型方法是单向模压成型。其方法是在常温下用单向刚性模具压制成型,即作用在粉末体上的压力是由上模冲,或是由上、下模冲同时施加的,此种压制成型方法称为常规压制。常规压制在专用自动压机上完成,压机类型分为机械式压机和液压式压机。除常规压制方法以外,还有诸如冷等静压、高能高速成型、三轴向压制、注射成型、粉末轧制等固结成型方法。

4. 烧结

烧结是粉末冶金工艺中的关键性工序。成型后的压坯通过烧结使其得到所要求的最终物理机械性能。烧结实质上是粉末体的热固结过程,一般是在保护气氛或真空中,将压坯加热到不超过其熔点的高温,并保温一定时间,使其发生一系列化学、物理与冶金变化,完成粉末颗粒间由物理结合向化学结合的转变,从而变成高强度的粉末冶金制件。

　　此外,还有将粉末压制与烧结工序合而为一的固结方法,即对金属粉末同时施加压力和高温,称为"热固结"或"加压烧结"。典型工艺有热压、热等静压、粉末热锻等。

　　烧结过程在专用的粉末冶金烧结炉中进行,大批量生产采用高效率的连续烧结炉。烧结炉一般有三个温度区:预热区、高温区和冷却区。预热区的作用主要是烧除压坯中的润滑剂,高温区提供足够高的温度,使烧结充分进行,冷却区使压坯按一定的速度冷却下来。烧结炉可使用燃料加热或电加热,具有气密马弗或特殊的外壳以保证炉内充满保护气氛。典型的网带式连续烧结炉结构和实物如图 6-8 及图 6-9 所示。

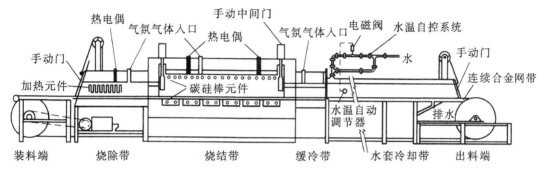

图 6-8　网带式连续烧结炉结构

图 6-9　网带式连续烧结炉

5. 后续处理

　　一般情况下,烧结好的制件可直接使用。但对于某些要求高尺寸精度、高硬度、高耐磨性的制件还要进行烧结后处理。如采用粉末冶金制备的材料坯料,一般还需进一步轧制、锻造、拉伸等加工;结构零件一般需进行必要的切削加工、精整、热处理、表面处理;软磁或硬磁材料需进行磨削、充磁等后续加工处理。

▶ 6.2.3　技术特点及应用

1. 粉末冶金的技术特点

　　目前,粉末冶金技术和工艺日趋成熟,采用粉末冶金工艺生产的材料及制品得到了广泛的应用。粉末冶金生产的材料和制件具有独特的化学组成和机械、物理性能,而这些性能是用传统的"铸锭冶金"或机械加工方法无法获得的。粉末冶金材料及制品在力学性能、生产成本和使用范围等方面具有以下特点。

(1)可生产普通冶炼法无法生产的特殊材料。粉末冶金可以容易地实现多种类型材料的复合,是一种低成本生产高性能金属基和陶瓷复合材料的工艺技术;可方便地制造各种孔隙率的多孔材料;可以制备硬质合金、难熔金属、摩擦材料以及特种功能材料。粉末冶金技术还可以最大限度地减少合金成分偏聚,消除粗大、不均匀的铸造组织。

(2)材料利用率较高,单位能耗低。采用粉末冶金工艺生产制造结构零件,由于制品具有较高的尺寸精度,可不需要或只需要少量切削加工,其材料利用率可高达 90% 以上。在自动化批量生产条件下,粉末冶金工艺相比传统制造工艺,其单位能耗也是最低的。

(3)制品表面质量和尺寸精度较高,可减少加工环节,降低生产成本。采用粉末冶金工艺生产的结构零件,由于利用模具压制成型,其零件可获得较高的表面质量和尺寸精度,是一种近净成型制造技术,可减少或免除后续切削加工。另外,可以将需要进行二次组装连接的零件进行整合,设计成一个多台面的结构零件,或将两个零件压坯进行组装,在烧结时结合成一个结构零件,从而省去二次组装工序,大大降低生产成本。大批量生产时降低成本的优势更加明显。

(4)特别适合小型、形状复杂零件。受压制模具和烧结设备的限制,通常粉末冶金生产的结构零件多为小型零件,单件重量多在 2kg 以下。零件形状可以是简单的单台面零件,更可加工形状复杂的多台面零件,这是传统工艺较难实现的。

(5)零件的力学性能较低。粉末冶金工艺生产的零件,其材料一般具有多孔性,材料密度比铸锭冶金制作的材料密度低,从而材料的力学性能也较低。因此,在将铸造的常规零件转换为粉末冶金零件时,必须考虑到粉末冶金零件材料的适宜性。即使采用复压、再烧结或熔浸手段提高结构零件的材料密度,其韧性、冲击强度及疲劳强度通常仍比常规零件低。

2. 粉末冶金的应用

目前,粉末冶金技术已被广泛应用于交通车辆、机械制造、电子工业、航空航天、核工业和新材料等领域。粉末冶金技术具备显著节能、省材、性能优异、产品精度高且稳定性好等一系列优点,非常适合于大批量生产。另外,部分用传统铸造方法和机械加工方法无法制备的材料和复杂零件也可用粉末冶金技术制造,因而越来越受到工业界的重视。粉末冶金在工业中的应用,主要有以下几个方面。

(1)机械零件。采用粉末冶金制造机械零件,主要分为结构零件(如各种齿轮、受力件)、多孔含油轴承、摩擦零件(如车辆刹车片、离合器片)、过滤元件及多孔材料等。

(2)电器零件与材料。如用难熔金属与银、铜等制成的假合金制造点焊机、电器开关的触头;发电机、电动机和电机车的电刷、集电滑板;电真空器件的电极材料等。

(3)磁性材料。制造用于电子设备中的各种软磁、硬磁和磁介质零件和材料,如高频变压器磁芯、钕铁硼磁钢等。

(4)工具材料及制品。制备硬质合金、合金工具钢、金属粘结金刚石工具材料,用以制造凿岩钻头、金属切削刀具、切割砂轮和研磨工具等制品。

(5)高温耐热材料及制品。制备难熔金属化合物基合金和非金属难熔化合物基合金材料,制造高温下工作的耐热零件、切削工具等。

采用粉末冶金技术制造的一些典型零件实例如图 6 - 10 所示。

（a）齿轮零件

（b）结构零件

（c）含油轴承

（d）磁性元件

（e）多孔滤芯

图 6 - 10　粉末冶金典型零件实例

6.3 电火花加工

6.3.1 概述

电火花加工(electrospark machining)又称放电加工、电蚀加工、电脉冲加工,在 20 世纪 40 年代开始研究并逐步应用于生产实际。它通过在工具和工件之间不断产生脉冲性火花放电,靠放电时产生的局部瞬间高温蚀除金属材料。因放电过程可以见到火花,故称为电火花加工。

电火花加工按工具电极的形状、工具电极与工件相对运动的方式和用途不同,可大致分为六类:电火花穿孔成型、电火花线切割、电火花磨削和镗磨、电火花展成加工(共轭回转加工)、电火花高速小孔加工、电火花表面强化与刻字。前五类属于成型、尺寸加工,用于改变零件形状或尺寸;最后一类属于表面加工,用于改善或改变零件表面性质。

目前,电火花成型加工和电火花线切割加工在工业生产中应用最为广泛。由于电火花线切割加工在本教程上册有关章节中已做了详细介绍,故此处不再赘述。以下仅对电火花成型加工加以简介。

6.3.2 电火花成型基本原理

电火花穿孔、成型加工统称电火花成型加工。电火花成型加工与其他类型电火花加工一样,都是基于电火花腐蚀原理工作的。

电火花腐蚀的原理,是在工具电极与工件电极相互靠近时,极间形成脉冲性火花放电,在电火花通道中产生瞬时高温,使金属局部熔化,甚至汽化,从而将金属蚀除下来,以达到尺寸、形状及表面质量的预定加工要求。

要将上述原理应用于电火花成型加工中,还必须具备以下条件:

(1)工具电极和工件电极之间必须保持合适的放电间隙。既不能由于间隙过大,极间电压无法击穿工作介质,无法产生火花放电,也不能间隙过小造成极间短路,也无法产生电火花。因此,需要一个伺服进给系统,来保证放电间隙维持一个合适的数值(一般为 0.02～0.1 mm)。

(2)电火花放电必须是脉冲性放电。极间电压应有延续时间和停歇时间(一般延续时间为 $1～1 000 \mu s$,间歇时间为 $20～100 \mu s$),这样才能使放电产生的热量和腐蚀下来的金属微粒被流动的工作介质带走。所以需要具备专用的脉冲电源。

(3)必须提供流动的液体绝缘介质。电火花放电必须在液体绝缘介质中进行(如煤油、专用乳化液等)。液体介质也称为工作液,必须具有较高的绝缘强度,以利于产生脉冲性火花放电、带走放电产生的热量并排出腐蚀下来的材料。因此,需要工作液循环系统。

上述三个系统构成了电火花加工设备的基础,图 6 - 11 为电火花成型加工原理示意图。工作时,工具电极和工件均浸没在工作液中,脉冲电源连接于工具电极和工件,伺服进给系统带动工具电极进给以保持工具电极与工件之间合适的放电间隙,由泵、阀和过滤器等组成的循环系统使工作液循环流动。每次放电都会在工件上留下放电腐蚀的凹坑,也蚀除掉一小部分金属。这样以高频率连续不断地重复放电,同时工具电极不断地向工件进给,就将工具电极的形状复制在工件上,最终加工出所需的零件。

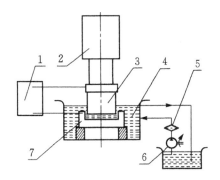

图 6-11　电火花成型加工原理示意图

1—脉冲电源;2—自动进给系统;3—工具电极;4—工作液;5—过滤器;6—工作液泵;7—工件

6.3.3　电火花成型加工工艺与设备

电火花成型加工过程一般分为三个阶段,即加工准备、电火花加工、加工检验,如图 6-12 所示。其中各阶段的工作内容简介如下:

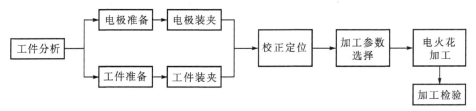

图 6-12　电火花成型加工过程

(1)工件图样分析:根据工件特点,确定加工方法。如冲裁类模具应采用电火花穿孔加工方法,型腔类模具采用电火花成型加工方法。

(2)电极准备:电极准备工作包括电极材料的选择、电极结构和尺寸设计、电极制造。

从理论上讲,任何导电材料都可以作电极,但不同材料作电极对电火花加工速度、加工质量、电极损耗和加工稳定性有重要影响。因此,在实际加工中,应综合考虑各方面的因素,选择最合适的电极材料。目前常用的电极材料有紫铜、黄铜、钢、石墨、铸铁等。

电极设计应综合考虑加工设备、加工工艺、放电间隙、电极损耗及补偿等因素,确定电极的结构形式、尺寸及公差。常用的电极结构形式有整体电极、组合电极和镶拼式电极。

电极制造应根据电极材料、结构特点、复杂程度和精度要求,选择适当的加工方法。常用的电极加工方法有切削加工、线切割加工、电铸加工等。

(3)电极装夹:将电极安装在电火花机床的主轴上。在电极安装时,根据电极的大小、结构形式和材料,可使用通用夹具或专用夹具直接将电极安装在机床主轴的下端。电极装夹到机床主轴上后,必须进行校正,使电极的轴线平行于机床主轴的轴线,保证电极与工作台台面垂直。

(4)工件准备:工件准备工作包括预加工、除锈退磁和热处理。预加工的目的是在电火花加工前尽可能采用机械加工的方法去除大部分加工余量,以提高生产效率。除锈退磁的目的是防止在电火花加工时工件吸附铁屑引起拉弧烧伤。根据加工需要,可将工件热处理安排在电火花加工前进行,也可安排在电火花加工后进行。

(5)工件装夹:将待加工的工件固定在电火花加工机床的台面上。装夹方式与机械加工工件装夹相似,常用压板、电磁吸盘、机用平口钳等来固定工件。

（6）校正定位：在电火花加工中，电极与工件之间相对定位的准确程度直接决定加工的精度，因此，校正定位包括工件的校正和电极相对于工件的定位。工件的校正一般使用百分表进行，使工件的基准面分别与机床的 X、Y 轴平行。电极相对于工件的定位是指将已安装校正好的电极对准工件上的加工位置，以保证加工的孔或型腔在凹模上的位置精度。

（7）加工参数选择：在开始电火花加工前，要选择合适的加工参数，以使加工顺利进行，最终获得合格的工件。加工参数包括电参数和非电参数。电参数一般包括脉冲宽度、脉冲间隔、峰值电流、加工电压、加工极性等。在电火花加工中，所选用的一组电参数称为电规准。电规准一般分为粗、中、细三档，分别对应粗、中、细加工。从一个规准调整到另一个规准称为电规准的转换。非电参数包括加工深度、平动量、冲油方式、冲油压力、液面高度等。

（8）电火花加工：电火花机床对工件进行加工的过程。在此过程中，应注意机床运行是否正常，排除各种加工异常情况，并适时进行电规准的转换。

（9）加工检验：对完成加工的工件进行质量检查，包括尺寸精度、表面粗糙度等。同时还应对加工电极的损耗情况进行检查。

电火花加工机床主要由主机、脉冲电源、自动进给调节系统和工作液循环过滤系统几部分组成。我国标准规定，电火花成型加工机床采用 D71 加上机床工作台面宽度的 1/10 表示，具体型号表示如下：

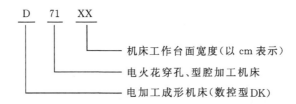

电火花机床按大小可分为小型、中型和大型三类；也可按精度等级分为标准精度型和高精度型；按工具电极自动进给调节系统的类型分为液压、步进电机、伺服电机驱动型。

电火花成形加工机床的主要技术参数包括：工作台尺寸、工作台行程、主轴行程、最大工件质量（kg）、最大电极质量（kg）、最大加工电流、最大生产率（mm³/min）等。典型电火花机床外形如图 6-13 所示。

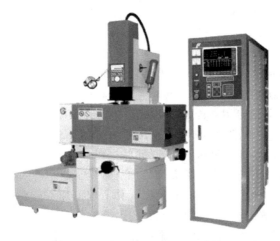

图 6-13 典型电火花加工机床外形

▶ 6.3.4　电火花成型加工特点与应用

电火花成型加工是电火花加工的一种类型,其加工特点如下:

(1)可用于任何软、硬、脆、韧、难熔的导电材料的加工。材料的可加工性主要取决于材料的热力学特性,如熔点、沸点、比热容、热导率等,而与材料的强度、硬度、韧性等力学特性无关,这样就突破了传统切削加工中刀具必须比工件硬的限制,实现了以柔克刚。因此,电火花加工特别适合加工硬脆难加工材料。但是,对材料导电性的要求,也限制了电火花加工的材料范围,要加工非导体和半导体材料,则需要特殊的条件。

(2)适于加工特殊零件及复杂形状的零件。由于加工中工具电极与工件不直接接触,相互之间没有宏观作用力,因此可加工低刚度工件及进行细微加工。由于可以将工具电极的形状复制到工件上,因此也特别适合复杂几何形状工件的加工。

(3)电脉冲参数(电规准)可以在较大范围内调节,可以在同一台机床上连续进行粗、中精和精加工。

(4)由于直接利用电能进行加工,因此便于实现加工自动化。

(5)电火花加工也存在加工速度慢、工具电极损耗和工件表面存在电蚀硬层等缺点。

电火花成型加工由于具有上述传统加工不具备的特点,目前已广泛应用于机械制造、航空航天、电子电器、交通车辆等领域,特别是各类模具制造,小孔、微孔、异形小孔和深孔加工。采用电火花成型加工的一些典型工件如图 6-14 所示。

(a)塑料椅及注塑模具　　　　　　　　　(b)牙刷注塑模具

(c)模具上的异型孔　　　　　　　　　　(d)汽车轮胎模具

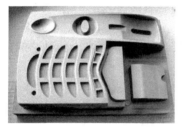 

(e)电话机外壳注塑模具　　　　　　　　(f)计算机键盘模具

图 6-14　电火花成型加工典型工件

6.4 注塑成型

6.4.1 概述

塑料是一种以合成或天然树脂为主要成分改性而得到的、在常温下能保持形状不变的高分子工程材料。塑料具有许多优良的性能,如良好的加工性、化学稳定性、电绝缘性、较好的力学性能、透光性和制品外观轻巧美观等。塑料的问世虽然较晚,但其发展的速度却极快,已经在工业领域和民用领域得到了广泛应用,成为国民经济的支柱产业之一。塑料同金属材料和陶瓷材料一起,已成为当今三大主要结构材料。

塑料由于其聚合物、添加剂的不同而品种繁多,根据性能、用途的不同,可按不同的方法分类。如按用途可分为通用塑料、工程塑料和特种塑料;按加工时呈现的特性可分为热塑性塑料和热固性塑料。

塑料原料多以颗粒状和粉状形态供应,塑料的成型加工就是将塑料原料通过各种成型工艺制成所需形状和尺寸的塑料制品。目前在生产上常用的塑料成型加工方法有注塑成型、挤出成型、压制成型、浇注成型、真空成型和吸塑成型,每种加工方法都具有不同特点和适用于不同类型的塑料制品生产。本节仅对注塑成型方法进行简单介绍。

6.4.2 注塑成型原理及工艺过程

注塑成型(又叫注射成型),是塑料制品成型的一种极为重要的方法,几乎所有热塑性塑料都可以采用注塑成型。注塑成型工艺可以成型几何形状复杂、尺寸精确以及有各种镶嵌件的塑料制品。

1. 注塑成型原理

塑料是高分子聚合物,它具有一些特有的加工性能,如良好的可模塑性、可挤压性、可延性和可纺性。正是由于这些独特的加工性,为塑料提供了适于多种多样加工技术的可能性。注塑成型即是利用了塑料的可模塑性而发展起来的一种加工方法。

塑料的可模塑性是指塑料在温度和压力下发生形状变化,并在模具中模制成型的能力。热塑性塑料的可模塑性主要取决于塑料的流变性、热性质和其他物理力学性质。

图 6-15 为塑料成型区域图。从图中可以看出,温度的高低、压力大小均可影响模塑性能。温度过高,熔融材料流动性加大,易于成型,但却易于分解;温度过低,材料黏度加大,流动困难,成型性差。压力过高将引起溢料和制品内应力的增大;压力过低则会造成缺料,引起充填不足。故只有图中由四条线构成的 A 区才是模塑的最佳区域。模塑条件不但对塑料的可模塑性带来影响,而且对制品的力学性能、外观、收缩,以及制品中的结晶和取向等都有广泛的影响。

2. 注塑成型的工艺过程

注塑成型的方法是将塑料原料放在注塑成型机床的料筒内,加热至熔融状态,在柱塞或螺杆的压力作用下,以较高的速度和压力注入封闭的模具型腔内,冷却凝固后,打开模具即可得到所需的塑料制品,如图 6-16 所示。

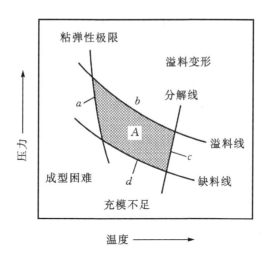

图 6-15　塑料成型区域图

A—成型区;a—表面不良线;b—溢料线;c—分解线;d—缺料线

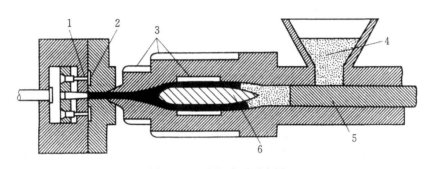

图 6-16　注塑成型示意图

1—顶出杆;2—制品;3—加热器;4—颗粒塑料;5—柱塞;6—分流梳

在实际生产中,注塑成型的工艺过程主要包括三个阶段,即成型前的准备、注塑成型过程和塑件的后处理阶段。各阶段的主要工作简介如下。

1)注塑成型前的准备工作

(1)原料处理:在进行批量生产前,首先应对所用塑料原料的各种性能与质量进行全面检验,包括所用原料的品种、规格和牌号的复核,原料色泽、粒度和均匀性检查,原料熔融指数、流动性、收缩率等工艺性能的检验。其次要对原料进行染色处理,以达到制品颜色要求。最后要对原料进行干燥处理,以减少原料中所含水分对制品质量的影响。

(2)料筒清洗:注塑机在使用前,如前后使用的原料的品种、型号、颜色不同,则必须对料筒进行清洗,将料筒中存留的原料排除干净。

(3)镶嵌件的预热:对于带有金属镶嵌件的塑件,由于镶嵌件与塑料的热性能和收缩性差异较大,使得成型后镶嵌件周围易出现裂纹或强度下降等缺陷,为减少此类缺陷,通常要将镶嵌件预热后再放入模具中。预热温度一般为 110~150℃。

2)注塑成型过程

注塑成型过程一般包括加料、塑化、充模、保压、倒流、冷却、脱模等工序,但从塑料在成型过程中状态的变化来看,只有塑化和熔体模塑两个过程。

(1)塑化:塑化是指塑料原料在料筒内加热达到流动状态,并具有良好可塑性的过程。因此,塑化是注塑成型的准备过程。对塑化过程的要求是使塑料在进入模腔前应达到规定温度,并能在规定时间内提供足够数量、温度均匀的熔融塑料,以保证成型制品的质量。注塑机的塑化质量和塑化量主要由料筒温度、喷嘴温度、螺杆转速、预塑压力等工艺参数决定。

(2)熔体模塑:熔体模塑过程包括充模、保压、倒流、冷却和脱模等工序,整个过程由注塑机按调定的参数自动完成。下面对各工序分别加以简介。

①充模:充模就是将塑化后的熔体快速注射到模腔内的过程。充模时间的长短与模塑压力有关,也直接影响制品的质量。实际充模时,模塑压力取决于原料性能、熔体温度、模具结构、浇铸系统结构、模具温度等诸多因素。

②保压:是指自熔体充满模腔时起,至螺杆或柱塞后退时止的一段时间。这时,在喷嘴压力的持续作用下,模腔内熔体的压力基本保持不变。保压的目的是补充模腔内熔体因温度降低而收缩留出的空隙,以提高制品的密度、降低收缩和克服制品表面缺陷。

③倒流:当螺杆或柱塞后退时,保压即告结束。这时,模腔内的压力比流道内高,模腔内的熔体就会倒流,从而使模腔内的压力迅速下降,直到浇口处的物料冷却凝固为止。倒流量的多少与有无,是由保压时间所决定的,会影响制品中塑料分子的定向。

④冷却和脱模:这一阶段是指浇道口凝固后,熔体在模腔内随之凝固、冷却,直到塑件从模腔中被顶出时为止。在这段时间内,熔体在模腔内不断凝固、冷却,以便在脱模时塑件具有足够的刚度而不至于发生变形。

注塑成型过程是获得合格制品的重要工艺过程,在此过程中需要控制的关键工艺参数包括熔体温度和模具温度、注射压力、充模时间和保压时间、冷却时间等。只有合理选择和控制上述工艺参数,才能保证注塑成型制品的质量。

3)塑件的后处理

塑件在脱模后,为了改善或提高塑件的性能和稳定性,通常要进行退火处理或调湿处理。

(1)塑件退火处理:退火处理的主要作用是降低和消除塑件内的残余应力。退火处理的方法是将塑件置于一定温度的液体介质(如水、矿物油、甘油、液体石蜡等)或空气中静置一段时间,然后缓慢冷却至室温。一般退火温度控制在该塑料热变形温度以下 $10\sim20℃$ 为宜,退火时间取决于塑料品种、塑件形状、加热介质温度及模塑工艺条件。

(2)塑件调湿处理:有些吸湿性较大的塑料品种,在高温下与空气接触时常会发生氧化变色,在空气中又易吸收水分而膨胀,需要经过较长时间才能使尺寸稳定。因此,对这类塑料制品有必要进行调湿处理。调湿处理方法是将刚脱模的制品置于 $80\sim100℃$ 的热水中,处理时间应根据制品的壁厚、形状、塑料品种及结晶温度确定。塑件经调湿处理后,可改善制品的柔韧性和力学性能。

6.4.3 注塑成型设备与模具

在塑料的注塑成型加工中,离不开注塑成型设备和注塑模具。注塑成型使用的设备是注塑机(也叫注射成型机),在注塑成型过程中,原料加热熔融、注射充模、保压、冷却和顶出脱模均由注塑机完成;注塑模具是根据塑件要求专门设计、加工的专用模具,它与塑料制品相对应,直接决定塑料制品的结构形状和尺寸。

1. 注塑机简介

注塑机是随着塑料工业的发展而兴起的一种重要的塑料加工设备,是塑料成型设备中产量最多、增长最快、应用最广的机种,现已占到塑料加工设备的一半以上。注塑机的大量使用,为注塑制品的广泛应用奠定了坚实的基础。

注塑机的种类很多,发展也很快,但注塑机的分类目前还没有一个统一的标准,一般有以下几种分类方法:

(1)按外形特征分类:主要是根据注塑机的合模装置、注塑装置的相对位置进行分类,可分为立式注塑机、卧式注塑机和角式注塑机。

(2)按塑化方式分类:按塑化用的零部件不同来分类,主要有螺杆式注塑机和柱塞式注塑机。

(3)按加工能力分类:注塑机的加工能力一般用注射量(cm^3)和合模力(kN)来表示。注塑机可分为超小型(＜16 cm^3 或＜160 kN)、小型、中型、大型和超大型(＞16000 cm^3 或＞16000 kN)五类。

注塑机的种类、形式和规格众多,但不管是哪种注塑机,其主要组成却基本相同,主要由合模系统、注射系统、液压传动系统、控制系统和辅助装置等组成。典型注塑机的外形结构如图6-17 所示。

注塑机的性能参数很多,主要技术参数有注射量、注射速率、注射压力、合模力、合模装置尺寸等。这些参数是设计、制造、选用和使用注塑机的主要依据。

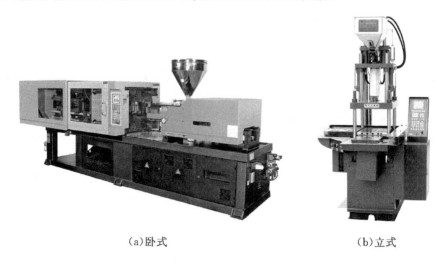

(a)卧式　　　　　　　　　　　　　　　　(b)立式

图 6-17　典型注塑机外形

2. 注塑模具简介

塑料加工基本上都需要相应模具的配合,注塑成型也离不开注塑模具,典型注塑模的结构如图 6-18 所示。注塑模具与其他塑料加工模具相比,具有如下特点:

(1)设计难度大:注塑模的工作对象是塑料熔体,塑料品种不同,其收缩率也不同,熔体在模腔内冷却固化过程中塑料的收缩十分复杂,这给注塑模的设计带来不小的难度。

(2)制造难度大:注塑成型制品的形状、尺寸各异,精度要求高,多是立体构件,这使得注塑模成为制造难度最大的一类模具。

(3)制造成本高:注塑模具一般是单件生产,加之设计、制造难度较大,势必造成制造成本偏高。

(4)要求制造周期短:在当今竞争激烈的市场环境下,一旦产品设计完成,就应当在最短的时间内成为产品进入市场,因此,就要求以最快的速度完成模具的制造,往往模具制造的周期决定着产品的上市时间。

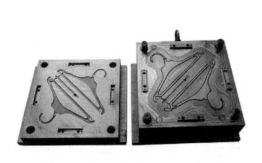 

(a)衣架注塑模　　　　　　　　　　　　(b)汽车前保险杠注塑模

图6-18　典型注塑模外形

6.4.4　注塑成型特点与应用

注塑成型作为一种重要的塑料制品加工方法,由于其制品具有精度高、复杂度高、外形美观、价格低廉、经久耐用等特点,在机械电子工业、国防工业、交通运输业、家电行业、医疗卫生领域及家庭日用品的生产中得到了广泛应用。

塑料注塑成型与其他成型方法相比,具有以下特点:

(1)可获得结构复杂制品:由于成型压力高,可以一次成型外形比较复杂、表面图案清晰和尺寸精度高的塑料件;采用共注工艺可将多种材料成型于一件制品,如可一次成型外表坚硬中心发泡的塑件;可以在塑件中镶嵌金属构件,也可以成型热固性塑料和纤维增强塑料。

(2)尺寸精度高、一致性好:由于可采用精密模具和精密液压系统,工艺参数由计算机控制,可得到精度很高的制品,并且制品的一致性很好。

(3)生产效率高、单件成本低:成型周期短,适合大批量生产;可在一副模具中制出多个型腔,因此可一次成型多个相同或不同的制品。模具寿命长,一副模具可加工几十万件塑件;加工中产生的边角料、废品材料可重复利用,材料利用率高。

(4)生产过程自动化:成型过程的合模、加料、塑化、注射、开模和脱模等动作均由注塑机自动完成,可实现生产工艺全自动化;可一人管理多台设备,节省人力成本。

(5)模具设计复杂、制造难度大:由于塑料种类繁多,特性各异,成型工艺参数变化相当大,加之模具结构复杂、方案多,使得注塑模的设计比较复杂;注塑模结构复杂,精度高,模具零件加工、装配要求高,制造难度较大;另外,在正式生产前的试模周期也较长。

(6)不适合小批量塑件生产:由于模具制造成本高,因此注塑成型对生产批量有要求,不适合小批量塑料件的生产。

(7)壁厚变化大的制件成型困难:由于模具冷却条件所限,对于壁厚较厚或壁厚变化较大的塑件成型困难;另外,注塑件成品质量受多种因素影响,控制难度大,技术要求高。

6.5　电解与电铸加工

电解加工和电铸加工均属于电化学加工范畴。电解加工是利用电化学阳极溶解的原理去除工件材料,属于减材加工,而电铸加工是利用电化学阴极沉积的原理进行镀覆加工,属于增材加工。下面分别简单介绍这两种加工方法的原理、加工过程和应用。

6.5.1　电解加工

1. 加工原理及基本规律

电解加工是利用金属在电解液中发生电化学阳极溶解的原理将工件加工成型的一种特种加工方法。其加工原理如图 6-19(a)所示。加工时,工件接直流电源的正极,工具接负极,两极之间保持较小的间隙。电解液从极间间隙中流过,使两极之间形成导电通路,并在电源电压下产生电流,从而形成电化学阳极溶解。随着工具相对工件不断进给,工件金属不断被电解,电解产物不断被电解液冲走,最终两极间各处的间隙趋于一致,工件表面形成与工具工作面基本相似的形状。

电解加工的成型过程如图 6-19(b)所示。在加工起始时,工件毛坯的形状与工具阴极很不一致,两极间的距离相差较大。阴极与阳极距离较近处通过的电流密度较大,电解液的流速也较高,阳极金属溶解速度也较快。随着工具阴极相对工件不断进给,最终两极间各处的间隙趋于一致,工件表面的形状与工具阴极表面完全吻合。

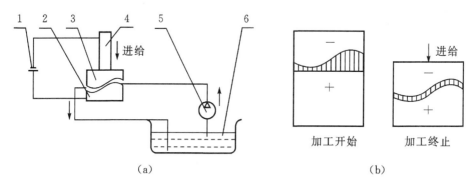

图 6-19　电解加工原理和成型过程示意图
1—直流电源;2—工件阳极;3—工具阴极;4—机床主轴;5—电解液泵;6—电解液槽

为了能实现尺寸、形状加工,电解加工过程中还必须具备下列特定工艺条件:
· 工件阳极和工具阴极间保持很小的间隙(称作加工间隙),一般在 $0.1 \sim 1$ mm 范围内;
· 强电解质溶液从加工间隙中连续高速($5 \sim 50$ m/s)流过,以保证带走阳极溶解产物、气体和电解电流通过电解液时所产生的热量,并去除极化;
· 工件阳极与工具阴极分别和直流电源(一般为 $6 \sim 24$ V)的正负极连接;

· 通过两极加工间隙的电流密度高达 20～1500 A/cm²。

在电解加工过程中,电极上的物质之所以能产生溶解或析出等电化学反应,是因为电极和电解液间有得失电子,所以电化学反应量一定与电子交换的量(电荷量)成正比。

电解加工有如下一些基本规律:

· 加工速度与电流密度成正比。提高电流密度是提高加工速度的最直接的方法,但是要注意电解液的流动速度必须相适应,也要避免电压过高而将间隙击穿。

· 加工间隙分布均匀、间隙大小合适并稳定是电解加工获得高生产率和加工精度的基本保证。加工间隙均匀可使电场和流场均匀。间隙加大,加工速度和加工精度降低,易出现大圆角,电能消耗也大;而间隙小,加工速度加快,电流密度增大,温度升高,电解产物增多,排出困难,容易发生短路。由于工作电压和电解液温度在电解加工过程中容易产生变化,加工间隙也会发生变化,会导致零件加工尺寸、精度产生差异,重复精度降低。

· 工件材料的成分不同,电化学当量不同,电极电位不同,溶解速度也就不同;金相组织不同,电流效率不同,溶解速度也不同,其中单相组织的溶解速度快,多相组织的溶解速度则慢。

2. 电解加工设备和电解液

电解加工设备主要是各类型电解加工机床。电解加工机床主要由机床本体、直流电源和电解液系统三大部分组成,如图 6 - 20 所示。

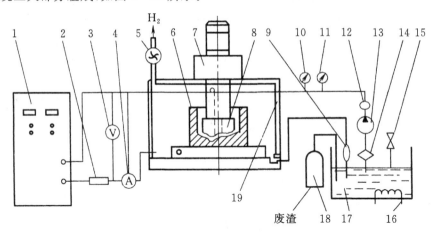

图 6 - 20 电解加工机床组成示意图

1—直流电源;2—短路保护器;3—电压表;4—电流表;5—排气扇;6—工件;7—进给机构;8—工具;9—冷却器;10—压力表;11—温度计;12—流量计;13—泵;14—过滤器;15—安全阀;16—加热器;17—电解液槽;18—沉淀分离器;19—防护罩

(1)电解加工机床相对于传统切削机床,具有其特殊性、综合性和复杂性,其主要部分的作用及要求如下:

· 机床本体:电解加工机床本体主要用来安装夹具、工件和工具电极,保证它们之间的相对运动关系,因此要求具有相应的床身刚度和稳定的进给速度;另外,还要传输直流电和电解液,因此需要防腐、密封、绝缘和通风等特殊性能要求。

· 直流电源:电解加工是根据电化学原理,利用单向电流对阳极工件进行溶解加工,由于两极间隙很小,因此必须采用低压大电流的直流电源供电。通常的电解加工用电是把交流电整流为直流电使用,目前常用的是可控硅整流、稳压电源。对电解加工电源的总体要求是具有连续可调的大电流输出能力,相当好的稳压性能,并设有必要的保护线路。除此以外,运行可靠、操作方便、控制合理也是鉴别电源好坏的重要指标。

• 电解液系统:电解液系统的作用是向加工区供应一定压力、足够流量和适宜温度的干净电解液。因此电解液系统是电解加工设备的重要组成部分。它主要由泵、电解液槽、过滤器、热交换器、流量计和管道附件等组成。用于电解液系统的管道和阀应耐腐蚀,并能耐受一定温度。

• 控制系统:电解加工控制系统必须包括参数控制、循环控制、保护和连锁三个组成部分。参数控制系统的核心要求是控制极间加工间隙,使其保持恒定的预选数值或按给定的函数变化;循环控制的要求是按照既定的程序控制机床、电源、电解液系统的动作,使之相互协调,均按工具阴极进给的位置(深度)转换加电、供液点及改变进给速度等;保护和连锁装置除了应具备一般机床自动控制系统所具有的保护和连锁功能以外,电解加工机床还要求具备有害气体和电解液水雾有效排出及报警、工作箱门的连锁以及防止潮气进入电器柜门的连锁、主轴头和电源柜内渗入潮气报警,防止工具阴极及工件短路烧伤的快速短路保护等特殊功能。

电解加工机床有多种类型和结构形式,主要有立式框型、立式 C 型、卧式单头、卧式双头等类型。

电解液是电解加工的最基本的条件,是产生电解加工阳极溶解的载体,电解液特性直接影响电解加工效率、加工精度和工件表面质量。

(2)在电解加工过程中,电解液的主要作用是:

• 与工件阳极及工具阴极组成电化学反应的电极体系,实现所要求的电解加工过程,同时也是电解池中传送电流的导电介质,这是其最基本的作用。

• 在电场作用下进行电化学反应,使阳极溶解顺利而可控。

• 及时带走加工间隙中的电解产物和热量,起更新和冷却作用。

对电解液总的要求是加工效率和加工精度高、表面质量好、实用性强,主要包括以下几方面:

• 有足够的蚀除速度,即生产率要高。这就要求电解质在溶液中有较高的溶解和电离度,具有很好的导电性;同时电解液里含有的阴离子的标准电极电位较正,以免在阳极产生析氧等副反应,降低电流效率。

• 有足够的加工精度和表面质量。电解液中的金属阳离子不应在阴极产生得到电子的反应而沉积在工具电极上,以免改变工具电极的尺寸。所以电解液中的金属阳离子的电极电位一定要较负。

• 最终产物不溶性。这主要是便于处理阳极溶解下来的物质,通常被加工工件的主要组成元素的氢氧化物大多难溶于中性盐溶液。电解加工小孔、窄缝时,则要求电解产物可溶,否则很容易堵塞小孔和窄缝。

• 还需满足绿色制造、环境保护、性能稳定、操作安全、腐蚀性弱等要求。

综上所述对电解液的要求是多方面的,难以找到一种电解液能满足所有的要求,因而只能有针对性地根据被加工材料的特性及主要加工要求(加工精度、表面质量和加工效率)有所侧重地选择电解液。电解液可分为中性盐溶液、酸性溶液和碱性溶液三种。中性盐溶液的腐蚀性弱,使用安全性好,在实际加工中被普遍采用。

3．电解加工的特点与应用

电解加工是利用电化学中阳极溶解的原理进行的成型加工,因此与其他加工方法相比具有以下特点:

(1)加工范围广。电解加工几乎可以加工所有的导电材料,并且不受材料的强度、硬度、韧性等机械、物理性能的限制,加工后材料的金相组织基本上不发生变化。

(2)生产效率高。电解加工能以简单的直线进给运动一次加工出复杂的型腔、型面和型孔,且加工生产率不直接受加工精度和表面粗糙度的限制。电解加工一般直接成型,无需分粗、精加工,进给速度可达 0.35 mm/min,生产率是电火花加工的 5～10 倍,在某些情况下,甚至可以超过机械切削加工。

(3)加工质量好。加工表面质量较好,一般表面粗糙度值 Ra 可达 0.2～0.25 μm,平均加工精度为±0.1 mm。

(4)可用于加工薄壁和易变形零件。电解加工过程中工具和工件不接触,不存在机械切削力,不产生残余应力和变形,没有飞边毛刺,加工后工件材料的力学性能不变,特别适合加工薄壁和低刚度零件。但由于加工过程中的杂散腐蚀比较严重,很难用于加工小孔和窄缝。

(5)工具阴极无损耗。工具电极经常以石墨、黄铜等制成,不参与电极反应。如果不产生短路等特殊情况,一般没有工具电极损耗,可长期使用。

(6)加工精度和稳定性不高。由于影响电解加工间隙电场和流场稳定性的因素很多,如阴极的设计、制造和精度,工件形状和金相组织,碳化物的分布等,难以控制,因此加工稳定性和加工精度也难以控制。

(7)由于电解加工设备投资大,工具电极的设计和制造要求高、周期长,不太适合单件或小批量生产。

(8)电解加工设备的防腐、密封等要求较高,电解液和电解产物处理困难,对环境有一定的污染。

电解加工属于特种加工,具有其独有的加工特点。我国于 1958 年将电解加工成功的用于炮管膛线加工,经过 50 多年的发展,电解加工已在机械制造领域得到了广泛的应用。目前,电解加工主要用于模具、叶片、整体叶轮、花键、内齿轮、炮管膛线、异型孔及异型零件等成型加工,以及倒棱和去毛刺处理。

• 模具型腔加工:现代模具结构日益复杂,材料性能不断提高,难加工的材料大量采用。因此,在模具制造业中越来越显示出电解加工适应难加工材料、复杂结构的优势。电解加工在模具制造领域中已占据了重要地位,广泛用于锻压模、玻璃模、冷镦模加工。

• 叶片型面加工:发动机叶片是航空发动机的关键零件,对其内在品质和外观质量都提出了很高的要求。发动机叶片普遍采用高强度、高韧性、高硬度材料,形状复杂,片形薄、刚度低,且为批量生产,所以特别适合采用电解加工。我国绝大多数航空发动机叶片毛坯仍为留有余量的锻件或铸件,其叶身加工大部分采用电解加工。对于钛合金叶片及精锻、精铸的小余量叶片,电解加工更是唯一选择。目前,发动机叶片是电解加工应用对象中数量最大的一种。

• 型孔及小孔加工:在生产实际中经常会遇到一些形状复杂的四方、六方、椭圆、半圆、花瓣等通孔和不通孔,若采用机械切削方法加工难度很大,且加工精度和表面粗糙度仍不易保证。而采用电解加工则变得相对简单,且能够显著提高加工质量和生产率。对于深小孔的加工,特别是在一些高硬度高强度的难加工材料上进行深小孔加工,如用常规机械钻削加工特别困难,甚至无法进行。而电火花和激光加工小孔时加工深度受到一定的限制,而且会产生表面再铸层。深小孔电解加工技术具有表面质量好、无再铸层和微裂纹、可群孔加工等优点,因而在许多领域,尤其在航空航天制造业中发挥了独特作用。如采用小孔束流电解加工工艺,可获得直径为 0.2~0.8 mm,深度达孔径 50 倍的小深孔,而且可以实现其他方法不能实现或难以实现的特殊角度的小孔加工。

• 整体叶轮加工:通常整体叶轮都工作在高转速、高压或高温条件下,制造材料多为不锈钢、钛合金或高温耐热合金等难切削材料;再加之其为整体结构且叶片型面复杂,使得其制造非常困难,成为生产过程中的关键。目前,整体叶轮的制造方法有精密铸造、数控铣削和电解加工三种。其中,电解加工在整体叶轮制造中占有其独特地位。随着新材料的采用和叶轮小型化、结构复杂化,一个叶轮上的叶片越来越多,由几十片增加到百余片,叶间通道越来越小,小到相距只有几毫米。因此,精密铸造和数控铣削这类叶轮越来越困难,而电解加工整体叶轮的优越性越来越显示出来。

• 枪、炮管膛线加工:膛线是枪、炮管内腔的重要组成部分,它由一定数量的位于内腔壁面的螺旋凹槽所构成。传统的枪管膛线制造工艺为挤线法,该法生产效率高,但挤线冲头制造困难,而且后续加工、处理工序较多,生产周期长。对于大口径的炮管膛线,则多在专门的拉线机床上制成。根据膛线数目,往往要分几次才能制成全部膛线,生产效率低,加工质量差,表面粗糙度更难以达到要求。采用电解加工工艺加工膛线始于 20 世纪 50 年代末,先应用于小口径炮管膛线生产,随后又进一步推广用于大口径长炮管膛线加工。炮管膛线电解加工具有加工表面无缺陷,矩形膛线圆角很小等优点,可提高产品的使用寿命和可靠性。目前,膛线电解加工工艺已定型,成为枪、炮制造中的重要工艺方法。

• 电解去毛刺:机械加工中去毛刺的工作量很大,尤其是去除硬而韧的金属毛刺。与其他方法相比,电解去毛刺特别适合于去除硬、韧性金属材料以及可达性差的复杂内腔部位的毛刺。电解去毛刺也是利用电化学阳极溶解反应的原理。由于靠近阴极导电端的工件突出的毛刺及棱角处电流密度最高,从而使毛刺很快被溶解而去除掉,棱边形成圆角。电解倒棱去毛刺加工效率高,去刺质量好,适用范围广,安全可靠,易于实现自动化。已用于气动阀体交叉孔、油泵油嘴、齿轮的去毛刺加工。

6.5.2 电铸加工

与电解加工相反,电铸是利用电化学阴极沉积的原理进行的镀覆加工(增材加工),是金属正离子在电场的作用下运动到阴极,并得到电子在阴极沉积下来的过程。

电铸的基本原理与电镀相同,两者的区别在于电镀层要与基材牢固结合,而电铸层要与基材(原模)分离;电镀层的厚度一般只有几微米到几十微米,而电铸层有零点几毫米到几毫米。

1. 电铸加工的原理

电铸加工是将电铸材料作为阳极,原模作为阴极,电铸材料的金属盐溶液做电铸液。在直流电源的作用下,阳极发生电解作用,金属材料电解成金属阳离子进入电铸液,再被吸引至阴极获得电子还原而沉积于原模上。当阴极原模上电铸层逐渐增厚达到预定厚度时,将其与原模分离,即可获得与原模型面凹凸相反的电铸件。电铸加工的基本原理如图 6-21 所示。

2. 电铸加工设备与工艺过程

电铸加工设备主要包括电铸槽、直流电源、搅拌和循环过滤系统、恒温控制系统等。

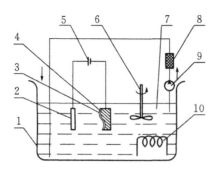

图 6 - 21　电铸加工的基本原理示意图

1—电铸槽;2—阳极;3—沉积层;4—原模;5—直流电源;6—搅拌器;7—电铸液;

8—过滤器;9—泵;10—加热器

• 电铸槽——电铸槽材料的选取以不与电解液作用引起腐蚀为原则。一般常用钢板焊接,内衬铅板、橡胶或塑料等。小型槽可用陶瓷、玻璃或搪瓷制品;大型槽可用耐酸砖衬里的水泥制作。

• 直流电源——电铸采用低电压大电流的直流电源。常用硅整流或可控硅直流电源,电压 3~20 V 可调,电流和功率能满足电流密度达到 15~30 A/dm² 即可。

• 搅拌和循环过滤系统——其作用为降低浓差极化,加大电流密度,提高电铸质量。

• 恒温控制系统——电铸时间很长,所以必须设置恒温控制设备。它包括加热设备(蒸汽加热或电加热)和冷却设备(水冷或冷冻机等)。

电铸的工艺过程为:原模制作→原模表面处理→电铸至规定尺寸→脱模→清洗干燥→铸件检测→成品。

• 原模制作——电铸模的设计与制作是电铸制造成败的关键。电铸模可以分为刚性模和非刚性模。非刚性模所产生的铸件在脱模时必须让电铸模变形(或是拆下部分模具),甚至破坏电铸模才能使电铸件脱离模具。因此非刚性模又称为暂时模。而刚性模产生的电铸件可以轻易脱离母模,不损伤电铸模令其能持续的使用,因此又称为永久模。刚性模可选用的材料包括金属材料与非金属材料;非刚性模材料的选择依电铸件脱模的方式可分为可熔性材料、可溶性材料和变形材料。

• 原模表面处理——电铸模材料包括导电性材料和非导电性材料。导电性材料的电铸模必须先经过完全的洁净及适当的表面处理(表面钝化),使电铸件与电铸模不会黏着,以利脱模。若是使用非导电性材料作为电铸模材料,则必须在电铸模表面形成一个导电层。形成导电层的方法很多,如真空镀膜、阴极溅射、化学镀或粘胶涂敷等,最常用的两种方法是在电铸模上贴上银箔或是涂上一层银漆。

• 电铸过程——电铸可基本分为金属电铸,如镍、铜、铁、金、银、铝等;合金电铸,如镍-铁、镍-钴等;及复合电铸,如 Ni - SiC 等。其中,镍、铜电铸的应用占了绝大多数。电铸过程通常时间很长,生产率较低。如果电流密度太大容易使沉积的金属的晶粒粗大,强度下降。一般电铸层每小时铸 0.02~0.5 mm。

• 脱模——电铸件的脱模分离方法视原模材料不同而异,包括捶击、加热或冷却胀缩分离、加热熔化、化学溶解、用压机或螺旋缓慢地推拉、用薄刀刃撕剥分离等。

• 铸件检测——铸件除了外观尺寸外,其内应力及力学性质都是电铸件合格与否的关键。因此电铸检测的项目包括成分比例、力学性质、表面特性以及复制精确度等。

3．电铸加工的特点及应用

(1)电铸加工具有以下特点：

• 高复制精度。电铸是一种精密的金属零件制造技术，能准确复制表面轮廓和细微纹路，可获得其他制造难以达到的复制精度。电铸产生的铸件可以成为其他制造所需要的原模，并且表面精度极佳。

• 可复制特殊复杂表面。借助石膏、石蜡、环氧树脂等作为原模材料，可把复杂零件的内表面复制为外表面，或外表面复制为内表面，然后再电铸复制。

• 原模可永久性重复使用。电铸加工过程对刚性原模无任何损伤，所以原模可永久性重复使用，而同一原模生产的电铸件重复精度极高。

• 生产率低。由于电流密度过大易导致沉积金属的结晶粗大，强度低。一般每小时电铸金属层为 0.02~0.5 mm，加工时间长。

• 铸件易存在缺陷。电铸生产期长，尖角、凹部的铸层不均匀，铸层存在一定的内应力，原模的缺陷会带到工件上去。有时存在一定的脱模困难。

• 原模制造技术要求高。

(2)电铸加工主要应用于以下领域：

• 制造形状复杂的、精度高的空心零件，如波导管等。

• 金属薄膜和厚度很小的薄壁、网状零件的加工，如镍薄膜、剃须刀网罩、滤网。

• 复制精细的表面轮廓，如唱片、光盘、艺术品、钱币等。

• 制造表面粗糙度样板、反光镜、喷嘴、电加工的电极等。

• 用于微结构制造，可直接电铸微型构件，包括微齿轮、微悬臂梁、薄膜等各式各样的元件，进一步组装微电机、微机械臂、微型阀等。

原则上，凡能电沉积的金属或合金均可用于电铸，但从其性能、成本和工艺上考虑，只有铜、镍、铁、镍钴合金等少数几种具有实用价值。目前在工业中广泛应用的只有铜和镍。图6-22所示电解加工和电铸加工部分工件。

(a)电解加工的整体叶轮　　　　(b)电解加工的剃须刀网罩

(c)电铸金刚石切割片　　　　(d)电铸金属标牌

图 6-22　电解加工和电铸加工部分工件

6.6 水射流切割加工

6.6.1 水射流切割原理

水射流切割是利用高压水通过特殊设计的、孔径很小的喷嘴以高速度喷出,通过将水射流的动能变成去除材料的机械能,对材料进行切割的一种加工技术。

水射流切割加工的水压高达数十至数百兆帕,喷嘴由人工宝石做成,直径为 0.1～0.5 mm,由喷嘴射出的水流速度达每秒数百米(通常为 2～3 倍声速)。加工深度(厚度)取决于水流喷射的速度、压力和压射距离。被水流冲刷下来的切屑被水带走。入口处束流的功率密度可达 10^6 W/mm²。图 6-23 为水射流切割加工的原理示意图。

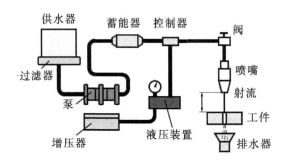

图 6-23 水射流切割加工原理示意图

6.6.2 水射流切割类型及加工性能

水射流切割按所用的工作介质分为纯水射流(纯水型)切割和在水中加入各种磨料的加磨料水射流(加磨料型)切割两种基本类型,如图 6-24 所示。

纯水型因仅利用洁净水增压后从喷嘴喷出的高速水射流进行切割,由于压力不能无限制的提高,因此纯水射流的切割应用受到一定的限制。纯水型加工能力低,但设备简单,消耗品少,使用成本低。所用的水压一般在 20～400 MPa 之间。

加磨料型是在水射流中混入磨料颗粒成为磨料射流,磨料射流大大增强了水射流的作用效果,故切割能力比纯水型大为提高,使得射流在较低压力下即可进行切割加工,或者在同等压力下大大提高作业效率。因此,一般情况下水射流的工业切割均采用加磨料型切割。但该类切割设备较复杂,使用成本高。

水射流切割的精度主要受喷嘴精度的影响,切缝大约比所采用的喷嘴孔径大 0.025 mm,加工复合材料时采用的射流速度要高、喷嘴直径要小、喷射距离要小。喷嘴越小,加工精度越高,但材料去除速度降低。

水射流切割的加工速度取决于工件材料,并与功率大小成正比,与材料厚度成反比。在切割过程中,切屑混入液体被带走,所以不存在扬尘现象,也不会有爆炸和火灾的危险。

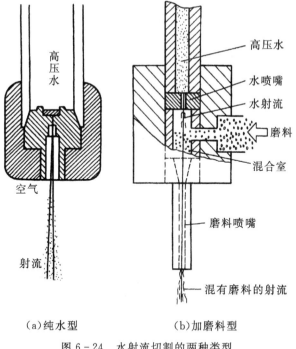

（a）纯水型　　　　　（b）加磨料型

图 6-24　水射流切割的两种类型

　　切边质量受材料性状影响很大,软材料可以获得光滑表面,塑性好的材料可以切割出高质量的切边。液体压力过低会降低切边质量,尤其对复合材料,容易引起材料的离层和起鳞。进给速度低可以改善切边质量,因此切割复合材料时应用小的进给速度,这样可以避免切割过程中产生离层现象。部分材料的切割工艺参数见表 6-1。

表 6-1　部分材料磨料型水射流切割的工艺参数

	切割材料	厚度/mm	切割速度/(mm/min)	水喷嘴/磨料喷嘴直径/mm	水射流压力/MPa	备注
金属	冷轧钢	20	50	0.46/1.6	210	
	铸铁	8	125			
	铝	25	50			
	钛	3.3	457			
	铬镍铁合金	1.1	610			
	不锈钢	1.6	152			
	铜	10	100	0.4/1.5	196	
复合材料	覆铜层压板	1.0×30 张	100	0.4/1.1	196	
	玻璃纤维增强塑料	19	200			
	氧化铝纤维增强塑料	6	600	0.4/1.6		
	碳纤维增强塑料	5.5	1000			

切割材料		厚度/mm	切割速度/(mm/min)	水喷嘴/磨料喷嘴直径/mm	水射流压力/MPa	备注
非金属	石英玻璃	3.2	152	0.46/1.6	210	
	普通玻璃	6.35	890			
	花岗岩	20	50	0.4/1.5	196	
	装饰瓷砖	13	200	0.4/1.3		
	ABS塑料	10	900	0.33/1.2	245	
	聚四氟乙烯	45	150			
	酚醛树脂	20	450	0.33/1.2	206	
	硅橡胶	12	3000	0.12/—	377	纯水
	皮革	6.3	30000	0.18/—	172	
	石膏板	20	25000	0.2/—	294	
	石棉板	10	8000	0.2/—	294	
	瓦楞纸板(两层)	15	150000	0.25/—	240	
	木板	46	305	0.46/1.6	210	

6.6.3 水射流切割设备

水射流切割设备包括机床本体及液压系统,机床本体主要起支承或夹持工件以及驱动喷嘴或工件运动的作用,机床本体分通用型和专用型。通用型机床主要用来切割各种平板类材料,一般以切割幅面尺寸分为不同的规格型号,这类水切割设备已采用数字控制技术,使加工过程自动进行。专用型机床是为切割特定加工对象而设计的,必须符合具体的加工要求。

液压系统是为了产生高水压,液体压力应能达到 400 MPa,液压系统包括控制器、过滤器、密封装置、泵、阀、增压器、储液槽等。

水射流切割时,作为工具的射流束是不会变钝的,喷嘴寿命也相当长。液体要经过很好地过滤,过滤后的微粒小于 0.5 μm,液体经过脱矿质和去离子处理,可以减少对喷嘴的腐蚀。典型水射流切割设备如图 6-25 所示。

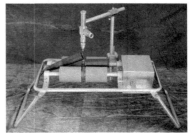

(a)数控水切割机床　　　　　(b)炮弹拆解专用水切割设备

图 6-25 典型水射流切割设备

6.6.4　水射流切割特点及其应用

(1)与其他切割加工技术相比,水射流切割技术具有以下独特的特点:

· 切割精度高。加工精度可达 0.005~0.075 mm;切边质量好,没有毛刺、挂渣,切割面垂直、平整、表面粗糙度低。

· 可切割材料范围广。如除了钢、铝、铜等金属外,石材、玻璃、橡胶、塑料、皮革、纸张及复合材料等非金属材料均可切割。

· 加工速度快。射流束能量密度高(10^6 W/mm²)、流速快(7.5 L/min)。可以从材料上任意一点开始和中止切割。

· 切缝窄。如纯水型切割时,切缝通常在 0.1~1.1 mm 之间,加磨料型的切缝约 0.8~1.8 mm。故在套料切割的场合有利于提高材料利用率。

· 不产生热量。由于水的冷却作用,被切割工件的温升很小,不产生热变形和热影响区,不会改变被切割材料的材质和性能。也适合于木材等易燃材料的加工。

· 清洁环保无污染。加工产物混入液流排出,无烟尘、无污染,对石棉、毛织物和各种纤维合成材料尤为合适;喷嘴寿命长,加工成本低。

· 影响水射流切割广泛应用的主要因素是一次性初期投资较高。

水射流的应用起源于采矿业,后来较多用于工业清洗、工业除锈和工业切割。近年来,得益于水射流压力的提高,计算机控制技术的发展,以及其独具的加工特点,水射流在材料切割领域得到了更为广泛的应用,图 6-26 所示为一些水射流切割应用实例。

(2)水射流切割主要应用在以下方面:

· 硬、脆、柔软材料切割加工。如硬质合金、玻璃、石材、陶瓷、橡胶、塑料、皮革等材料的切割,特别是采用数控水切割机床,可以实现任意曲线、图案切割,进行材料的套裁、拼花,这是普通机械加工难以实现的。

· 易产生粉尘材料的切割加工。由于水切割时切屑混入液流排出,切割时不会产生粉尘,所以特别适合石棉制品、玻璃纤维增强材料等易产生有害粉尘材料的切割。

· 易燃、易爆危险场所作业及危爆品切割加工。由于水切割过程不产生明火、高温,因此可以在易燃、易爆危险场所实施作业,也被用来切割拆解报废弹药。

· 热敏感材料加工。利用水射流加工不产生热量、不损伤工件材质的特点,对热敏感材料进行切割。如塑料薄膜、橡胶、半导体晶片等。

· 在机械加工行业用于铸件的清砂、钢板的除锈、去毛刺、代替喷丸处理等。

复习思考题

1. 快速成型技术与传统加工技术有何不同?具有哪些特点?
2. 快速成型的基本原理是什么?成型过程分为哪几个步骤?
3. 快速成型有哪几种较成熟的成型工艺?各有何特点?
4. 粉末冶金的基本工艺过程是什么?
5. 粉末冶金工艺有何技术特点?适合哪些零件的生产?

（a）切割不锈钢板

（b）铝制徽标

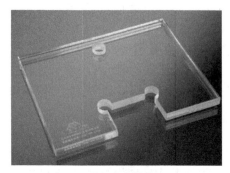

（c）玻璃制品

（d）发动机石棉气缸垫

（e）现场切割拆解航空炸弹

（f）切开的炮弹

图 6-26　水射流切割应用实例

6. 电火花成型加工的基本原理是什么？

7. 电火花成型加工的特点有哪些？有哪些应用领域？

8. 注塑成型适用于哪类塑料的加工？

9. 注塑成型的工艺过程有哪些？有何技术特点？

10. 电解加工与电铸加工有何区别？各自有何技术特点和应用领域？

11. 在电解加工中电解液的主要作用是什么？

12. 水射流切割的原理是什么？

13. 水射流切割技术与其他材料切割技术相比，有何优点？

14. 水射流切割技术有哪些应用领域？

参考文献

[1]李长河,丁玉成. 先进制造工艺技术［M］. 北京：科学出版社,2011.

[2]韩凤麟. 粉末冶金基础教程［M］. 广州：华南理工大学出版社,2005.

[3]杨叔子. 机械加工工艺师手册——特种加工［M］. 北京：机械工业出版,2012.

[4]李基洪,胡在明. 注塑成型实用新技术［M］. 石家庄：河北科学技术出版社,2004.

[5]袁根福,祝锡晶. 精密与特种加工技术［M］. 北京：北京大学出版社,2007.

[6]王瑞金. 特种加工技术［M］. 北京：机械工业出版社,2011.

[7]崔政斌,冯永发. 机械企业安全技术操作规程［M］. 北京：化学工业出版社,2012.

[8]李建明. 金工实习［M］. 北京：高教出版社,2010.

[9]高琪. 金工实习教程［M］. 北京：机械工业出版社,2012.

[10]严绍华,清华大学金属学教研室. 工程材料及机械制造基础（Ⅱ）——热加工工艺基础［M］. 北京：高教出版社,2010.

[11]张玉贤. 金属工艺学,热加工分册［M］. 北京：中国计量出版社,2007.

[12]吕烨. 热加工工艺基础与实习［M］. 北京：高等教育出版社,2000.

[13]姜敏凤. 金属材料及热处理知识［M］. 北京：机械工业出版社,2005.

[14]柳吉荣,彭淑芳. 铸造工（初级）［M］. 北京：机械工业出版社,2006.

[15]柳吉荣,朱军社. 铸造工（中级）［M］. 北京：机械工业出版社,2008.

[16]吴元徽. 热处理工（初级）［M］. 北京：机械工业出版社,2006.

[17]手册编写组. 机械工业材料选用手册［M］. 北京：机械工业出版社,2009.